大学计算机应用基础实验指导

任 欣
周 曦
黄吉花

1. 计算机访问 http://abook.hep.com.cn/18610218，或手机扫描二维码、下载并安装 Abook 应用。
2. 注册并登录，进入"我的课程"。
3. 输入封底数字课程账号（20位密码，刮开涂层可见），或通过 Abook 应用扫描封底数字课程账号二维码，完成课程绑定。
4. 单击"进入课程"按钮，开始本数字课程的学习。

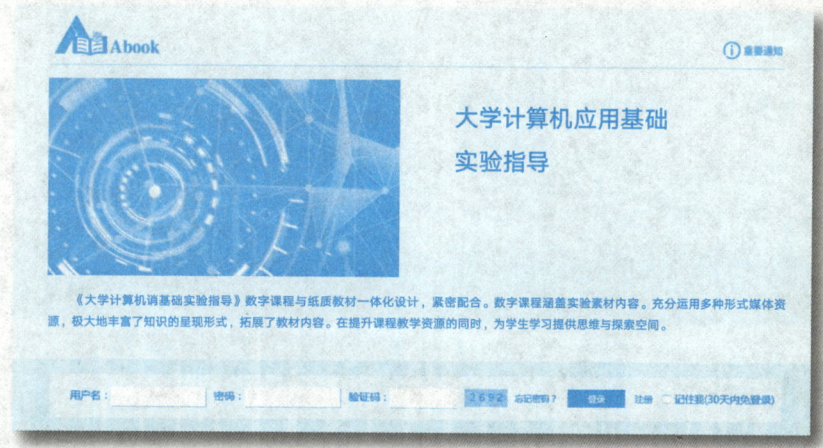

课程绑定后一年为数字课程使用有效期。受硬件限制，部分内容无法在手机端显示，请按提示通过计算机访问学习。

如有使用问题，请发邮件至 abook@hep.com.cn。

扫描二维码
下载 Abook 应用

http://abook.hep.com.cn/18610218

前 言

随着信息技术的不断发展,社会对大学生的计算机操作能力以及创新能力的要求也越来越高。本书由昆明学院具有多年计算机基础教学和实践经验的教师编写,与岳强等主编的《大学计算机应用基础》配套使用,旨在通过大量的实验案例引导学生掌握计算机实践操作技能,提高学生计算机应用操作能力,从而使学生对计算机科学及信息技术有一个全面的认识与了解。

根据教育部高等教育司确立的以"计算思维"为导向的计算机课程教学改革项目精神,结合当前人才培养的需求并融合最新计算机发展技术,本书采用案例教学的方法精心设计各实验章节。本书案例经典、语言精练、内容实用、操作步骤详尽,并配有大量的图片,方便教师教学与学生学习,相信通过本书的学习,学生在应用软件的使用和程序设计两个方面都能得到锻炼和提升。

本书与主教材既相互关联,又各自独立,为主教材中的理论讲解提供配套的实验案例并加以扩展,为学生上机操作提供有效的指导。

全书涉及Windows 7、Word、Excel、PowerPoint、Photoshop、Flash、Dreamweaver、Access、Python多个应用软件的配套实验,共分为10章,每章按照由易到难的层次设计不同实验,以验证型实验及设计型实验为主,同时提供了综合实验。本书各章内容独立,可根据实际情况或分层次教学进行选择。

第1章计算机系统基础实验。通过微型计算机的硬件认知以及Windows 7操作系统的使用,初步了解计算机的基本知识,为进一步学习应用软件奠定基础。

第2章Word 2010文字处理软件。通过对文本的输入、编辑和格式设置等的练习,学会编辑图文并茂的电子文档,掌握长文档编辑、模板应用、邮件合并、表格制作等操作。

第3章Excel 2010电子表格软件。通过使用Excel 2010创建电子表格,学会Excel的基本操作,掌握公式和常用函数的应用,能使用图表显示工作表中的数据,并能管理分析工作表中的数据。

第4章PowerPoint 2010演示文稿制作软件。学习创建和编辑演示文稿,修饰美化幻灯片,设置自定义动画,设置演示文稿的放映效果等。

第5章计算机网络与Internet应用。熟悉计算机网络的相关知识,掌握局域网的网络配置和资源共享,学会使用浏览器搜索信息资源,掌握电子邮件的收发和搜索引擎的使用等。

第6章Photoshop CS图像处理软件。熟悉Photoshop的工作环境,练习图像绘制和图像编辑的方法,初步了解图层和通道的应用,掌握图像处理的基本思路和方法。

第7章Flash动画制作软件。通过各种类型动画的制作实验,掌握基本的动画创建方法,熟悉关键帧和图层的运用以及元件和库的使用方法等,为以后制作复杂动画或网页打下基础。

第8章Dreamweaver CS5网页制作软件。通过掌握Dreamweaver的操作界面、站点的创建方法,练习自定义工作环境、制作网页等一系列完整的案例,学习静态网站的制作。

第 9 章 Access 数据库软件。通过掌握数据库的创建方法与步骤,熟悉查询、窗体和报表的使用方法以及关系型数据库管理软件的设计方法,最终设计出一个小规模的数据库系统。

第 10 章 Python 程序实验。通过学习 Python 语言开发环境配置以及简单 Python 语法和常见库的应用,初步具备软件开发的思想并能用来解决实际工作中常见的简单问题。

抱着授之以鱼不如授之以渔的治学态度,除了具体的实验操作外,本书传授的更多的是计算思维方法的养成、学习习惯的培养、操作技能的熟练掌握。衷心希望广大读者通过本书的学习培养出对计算机的兴趣,具备计算机的应用能力,为进入信息技术各行业打下坚实的基础。

本书由多年从事大学计算机基础课程教学和教育研究的昆明学院的部分教师编写,其中,第 1 章、第 5 章由岳强编写;第 2 章、第 3 章、第 4 章由任欣编写;第 6 章由李玲编写;第 7 章、第 9 章由邹疆编写;第 8 章由黄吉花编写;第 10 章由周曦编写。在编写的过程中得到了刘渝妍、何俊等多位老师的指导与帮助,在此一并表示感谢。全书由任欣负责章节安排及统稿,刘渝妍负责审稿。

本书可与 QIAOANNY@163.com 联系。

最后,向为本书编写出版默默奉献的各位同事及领导表示衷心感谢!

由于时间紧张,书中难免存在不足之处,敬请读者批评指正。

编者
2019 年 1 月

应用型高校计算机基础教育系列教材

大学计算机应用基础实验指导

主　编　任　欣　周　曦　黄吉花
副主编　岳　强　邹　疆　李　玲
主　审　刘渝妍

高等教育出版社·北京

内容提要

本书是与岳强等主编,高等教育出版社出版的《大学计算机应用基础》配套的实验指导教材。

本书共 10 章,主要内容包括 Windows 7、Word、Excel、PowerPoint、Photoshop、Flash、Dreamweaver、Access、Python 软件的实验案例。每章按照由易到难的层次设计实验,以验证型实验和设计型实验为主。各章内容相对独立,教学时可根据实际情况进行选择。

本书可作为高等学校大学计算机基础课程实验教材使用。

图书在版编目(CIP)数据

大学计算机应用基础实验指导 / 任欣, 周曦, 黄吉花主编. -- 北京:高等教育出版社, 2019.6
ISBN 978-7-04-051759-0

Ⅰ. ①大… Ⅱ. ①任… ②周… ③黄… Ⅲ. ①电子计算机 – 高等学校 – 教学参考资料 Ⅳ. ①TP3

中国版本图书馆 CIP 数据核字(2019)第 073909 号

Daxue Jisuanji Yingyong Jichu Shiyan Zhidao

| 策划编辑 | 耿 芳 | 责任编辑 | 耿 芳 | 封面设计 | 王 鹏 | 版式设计 | 童 丹 |
| 插图绘制 | 黄云燕 | 责任校对 | 刘娟娟 | 责任印制 | 赵义民 | | |

出版发行	高等教育出版社	网　　址	http://www.hep.edu.cn
社　　址	北京市西城区德外大街 4 号		http://www.hep.com.cn
邮政编码	100120	网上订购	http://www.hepmall.com.cn
印　　刷	固安县铭成印刷有限公司		http://www.hepmall.com
开　　本	787mm×1092mm 1/16		http://www.hepmall.cn
印　　张	10.5		
字　　数	250 千字	版　次	2019 年 6 月第 1 版
购书热线	010-58581118	印　次	2019 年 6 月第 1 次印刷
咨询电话	400-810-0598	定　价	21.40 元

本书如有缺页、倒页、脱页等质量问题,请到所购图书销售部门联系调换
版权所有　侵权必究
物 料 号　51759-00

目 录

第 1 章 计算机系统基础实验 ……………… 1
1.1 微型计算机的硬件认知 …………… 1
1.2 Windows 7 的系统设置与维护 …… 3
1.3 文件与磁盘管理 …………………… 9

第 2 章 Word 2010 文字处理软件 ……… 13
2.1 文本的输入、编辑和格式设置 …… 13
2.2 图文混排 …………………………… 15
2.3 表格的制作 ………………………… 20
2.4 编辑长文档 ………………………… 22
2.5 使用模板和邮件合并 ……………… 25

第 3 章 Excel 2010 电子表格软件 ……… 29
3.1 Excel 工作表基本操作 …………… 29
3.2 公式和函数的应用 ………………… 30
3.3 图表操作 …………………………… 32
3.4 数据库的建立与管理 ……………… 36
3.5 数据分类汇总与数据透视表 ……… 39

第 4 章 PowerPoint 2010 演示文稿
　　　制作软件 ……………………… 43
4.1 创建并美化演示文稿 ……………… 43
4.2 在幻灯片中插入各种对象 ………… 44
4.3 设置幻灯片切换方式和动画效果 … 47
4.4 演示文稿的制作过程 ……………… 48

第 5 章 计算机网络与 Internet 应用 …… 50
5.1 局域网的网络配置和资源共享 …… 50
5.2 信息浏览和检索 …………………… 54

第 6 章 Photoshop CS 图像处理软件 … 59
6.1 熟悉 Photoshop CS 工作
　　环境 ……………………………… 59
6.2 使用 Photoshop CS 制作
　　电子照片 ………………………… 64
6.3 使用 Photoshop CS 制作照片的
　　羽化效果 ………………………… 67
6.4 图层的应用 ………………………… 69
6.5 通道的应用 ………………………… 73

第 7 章 Flash 动画制作软件 …………… 78
7.1 Flash 的基本操作 ………………… 78
7.2 逐帧动画制作 ……………………… 79
7.3 补间动画 …………………………… 81
7.4 遮罩动画 …………………………… 84

第 8 章 Dreamweaver CS5 网页
　　　制作软件 ……………………… 87
8.1 网页制作初步 ……………………… 87
8.2 在 Dreamweaver CS5 中规划
　　一个站点 ………………………… 94
8.3 网页制作（一） …………………… 101
8.4 网页制作（二） …………………… 107
8.5 规划网页布局 ……………………… 108
8.6 CSS 的设计 ………………………… 116
8.7 主题网站的制作 …………………… 121

第 9 章 Access 数据库软件 ……………… 123
9.1 数据库、数据表的创建 …………… 123
9.2 查询设计 …………………………… 128
9.3 SQL 语言的使用 …………………… 130
9.4 窗体设计 …………………………… 133
9.5 报表设计 …………………………… 138

第 10 章 Python 程序实验 ……………… 140
10.1 Python 语言开发环境配置 ……… 140
10.2 汇率转换 ………………………… 142
10.3 Python 蟒蛇绘制 ………………… 144
10.4 math 库函数 ……………………… 149
10.5 程序的分支结构 ………………… 152
10.6 π 的计算 ………………………… 154

第 1 章　计算机系统基础实验

1.1　微型计算机的硬件认知

一、实验目的

1. 熟悉微型计算机的外观组成。
2. 了解微型计算机的外部接口。
3. 了解微型计算机的常用外设。
4. 掌握常用外设的连接方法。
5. 熟悉微型计算机的硬件安装步骤。

二、实验内容

1. 认知微型计算机的外观组成。
2. 观察并认知微型计算机主机箱背板上的各种接口。
3. 认知微型计算机主机箱内的各主要部件。

三、实验步骤

1. 认知微型计算机的外观组成

一台微型计算机主要由主机箱、显示器、键盘和鼠标组成，家庭用的微型计算机还会连接打印机、音箱和扫描仪等常用外设，如图 1-1 所示。

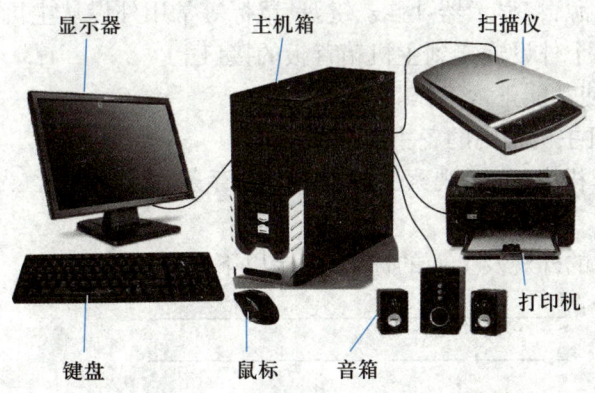

图 1-1　微型计算机的组成

观察微型计算机的外观组成并填写以下信息。

输入设备有＿＿＿＿＿＿＿＿＿＿＿＿＿＿＿＿＿＿＿＿＿＿＿＿＿＿＿＿＿＿＿＿。
输出设备有＿＿＿＿＿＿＿＿＿＿＿＿＿＿＿＿＿＿＿＿＿＿＿＿＿＿＿＿＿＿＿＿。

2. 观察并认知微型计算机主机箱背板上的各种接口

（1）这些连接外设的接口主要有鼠标接口、键盘接口、网卡接口、声卡接口、显卡接口、串口等，如图1-2所示。

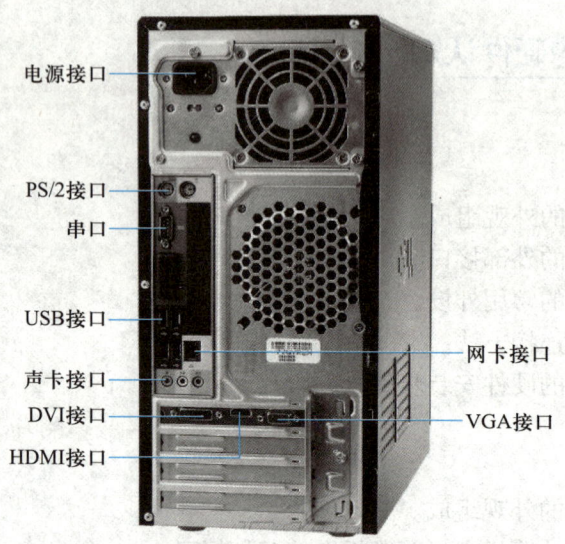

图 1-2　主机箱背板接口

通过观察，记录以下接口的信息。

USB 接口共有____个，其中 USB 2.0 接口有____个，USB 3.0 接口有____个。

连接鼠标的接口是_____。

连接键盘的接口是_____。

显卡的接口类型有_____。

（2）关闭计算机电源，将显示器、网线、键盘、鼠标等常用外设从主机箱上拆下来。

（3）把计算机的各个外设连接到主机箱背板的接口上。

（4）启动计算机，使其能正常工作。

3. 认知微型计算机主机箱内的各主要部件

（1）打开微型计算机主机箱，观察主板、CPU、内存条、显卡、硬盘、光驱等部件，主板的结构如图1-3所示。

（2）通过观察部件的外观及上面的标识，记录以下部件的信息。

主板的厂商及型号：_____。

CPU 的厂商及型号：_____。

内存条有_____条。

SATA 接口的个数：_____个。

PCI 插槽的个数：_____个。

（3）观看微型计算机组装视频，熟悉微型计算机的组装过程和各部件的安装要点。

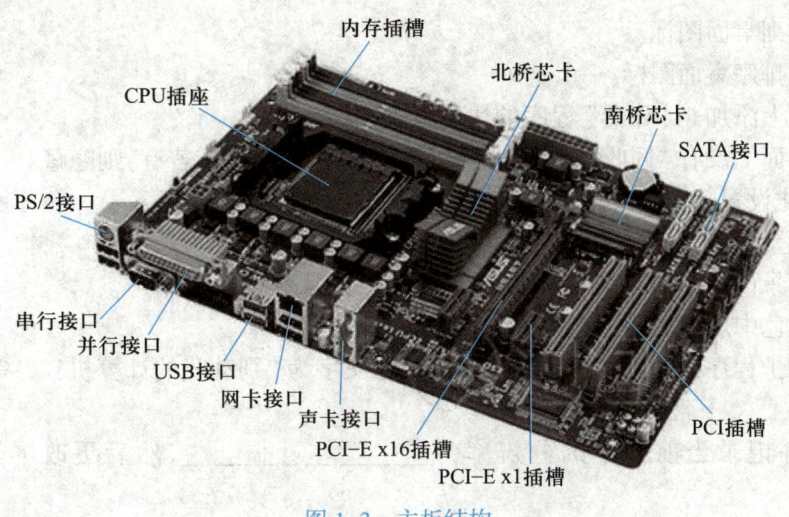

图 1-3 主板结构

1.2 Windows 7 的系统设置与维护

一、实验目的

1. 掌握 Windows 7 的桌面及设置方法。
2. 掌握任务栏及"开始"菜单的设置方法。
3. 掌握常用系统管理工具的使用方法。
4. 掌握 Windows 7 常用工具的使用方法。

二、实验内容

1. 桌面的设置。
2. 任务栏的设置。
3. "开始"菜单的设置。
4. 任务管理器的使用。
5. 安装和删除程序。
6. 设备管理器的使用。
7. 用户管理。
8. Windows 7 常用工具的使用。

三、实验步骤

1. 桌面的设置
（1）桌面图标的设置。
① 显示和隐藏桌面图标。

② 自动排列桌面图标。
③ 按名称排序桌面图标。
④ 在桌面上添加"计算器"程序的快捷方式图标。
⑤ 如果桌面上没有"回收站"和"控制面板"图标,则显示;若有,则隐藏。
(2)个性化设置。
① 主题设置为 Aero 主题里的"风景"。
② 桌面背景设置为顶级照片里的第二张图片,图片位置为"拉伸"。
③ 窗口颜色中启用透明效果。
④ 屏幕保护程序设置为"三维文字",显示的文字为"别动我的计算机!",等待时间为"1"分钟。
⑤ 查看并记录当前屏幕的分辨率为_____,然后更改屏幕的分辨率为 1 280×1 024。
⑥ 自定义 DPI 设置为"150%"。
⑦ 查看并记录当前颜色质量为_____,然后更改颜色质量为"增强色(16 位)"。

【提示】在"屏幕分辨率"窗口中单击"高级设置"链接,在弹出的对话框中再单击"监视器"选项卡,如图 1-4 所示。

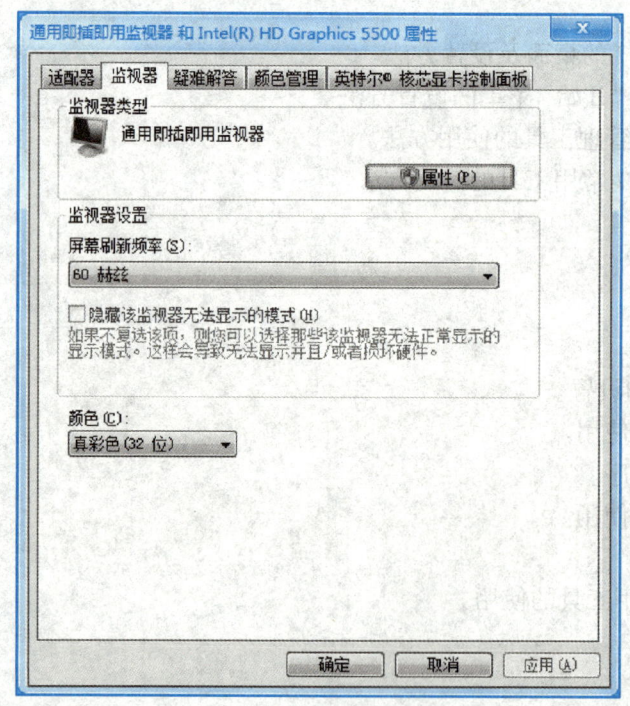

图 1-4 "监视器"选项卡

2. 任务栏的设置
(1)锁定或解锁任务栏。

（2）自动隐藏任务栏。
（3）任务栏位置设置为"右侧"。
（4）不使用 Aero Peek 预览桌面。
（5）设置通知区域中的"音量"图标的通知行为为"仅显示通知"。
（6）在任务栏上显示"桌面"工具栏。

3. "开始"菜单的设置
（1）设置"存储并显示最近在「开始」菜单中打开的程序"。
（2）设置"存储并显示最近在「开始」菜单和任务栏中打开的项目"。
（3）"开始"菜单中的电源按钮操作设置为"注销"。
（4）在"开始"菜单中不显示"游戏"子菜单。
（5）在"开始"菜单中不显示"运行"命令。

【提示】在"任务栏和「开始」菜单属性"对话框的"「开始」菜单"选项卡中，单击"自定义"按钮，打开"自定义「开始」菜单"对话框，可以自定义"开始"菜单中链接、图标和菜单的外观和行为，如图1-5所示。

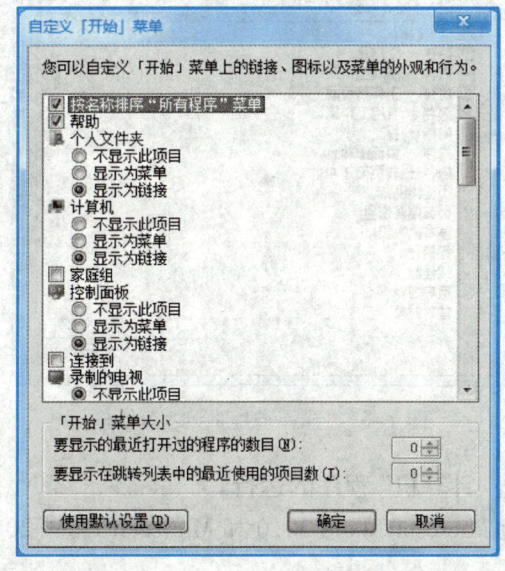

图1-5 "自定义「开始」菜单"对话框

4. 任务管理器的使用
（1）启动"计算机"、Microsoft Word 2010 和 Microsoft Excel 2010 几个程序，这几个程序可以从"开始"菜单中找到。
（2）打开"Windows 任务管理器"窗口，观察并记录以下信息。

进程数：_____。
线程数：_____。
CPU 使用率：_____。
物理内存总数：_____MB。

当前登录用户的用户名：_____。

（3）将应用程序对应的进程映像名称和线程数填写在表 1-1 中。

表 1-1　应用程序对应的进程映像名称和线程数

应用程序	进程映像名称	线程数
计算机		
Microsoft Word 2010		
Microsoft Excel 2010		

【提示】在"Windows 任务管理器"窗口的"应用程序"选项卡中，右击应用程序，在弹出的快捷菜单中单击"转到进程"命令，就能看到该应用程序对应的进程；在"进程"选项卡中，单击"查看"菜单下的"选择列"命令，在弹出的如图 1-6 所示的对话框中可以选择需要显示的列。

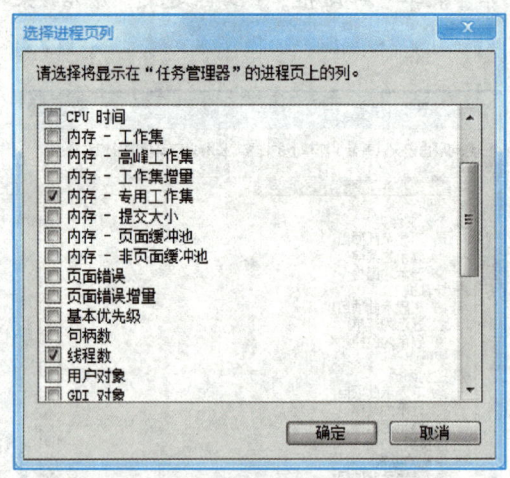

图 1-6　"选择进程页列"对话框

（4）通过结束任务终止"计算机"程序的运行。

（5）通过结束进程终止 Microsoft Word 2010 和 Microsoft Excel 2010 的运行。

5. 安装和删除程序

（1）在"程序和功能"窗口中卸载"腾讯 QQ"软件。

（2）关闭 Internet Explorer 浏览器软件。

（3）完全安装"Internet 信息服务"目录下的"Web 管理工具"。

【提示】在"程序和功能"窗口单击左侧的"打开或关闭 Windows 功能"链接，在打开的如图 1-7 所示的"Windows 功能"窗口中选择打开或关闭（安装）Windows 的软件。

6. 设备管理器的使用

打开"设备管理器"窗口，观察并记录以下设备的信息。

（1）CPU 的型号为_____，内核有_____个。

（2）网络适配器为_____。

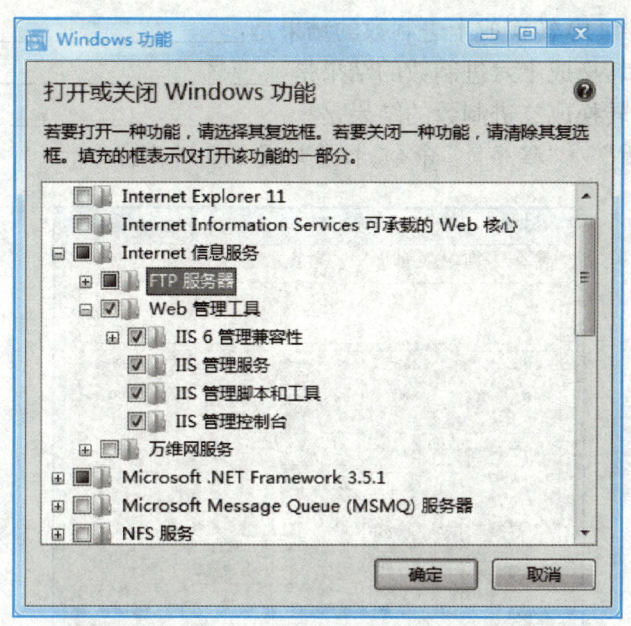

图 1-7 "Windows 功能"窗口

（3）显示适配器为_____。

7. 用户管理

（1）创建一个名称为自己的姓名的用户账户。

（2）账户类型设置为标准用户。

（3）为该账户设置密码，添加照片。

（4）切换用户，用新用户登录计算机，注意观察桌面和用户文件夹与之前的变化。

8. Windows 7 常用工具的使用

（1）记事本。打开"记事本"窗口，输入使用的计算机的 IP 地址、子网掩码和默认网关，如图 1-8 所示，将该文本文件保存到桌面上，文件名为自己的姓名，扩展名为 txt。

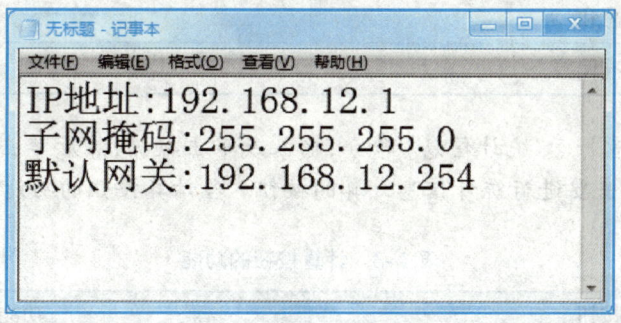

图 1-8 "记事本"窗口

（2）计算器。

① 十进制数 168 转换成二进制数的结果是_____。

② 二进制数 11001110 转换成十进制数的结果是＿＿＿＿＿＿＿＿＿＿＿＿＿＿。

③ 十进制数 878 转换成十六进制数的结果是＿＿＿＿＿＿＿＿＿＿＿＿＿＿。

④ 八进制数 777 转换成二进制数的结果是＿＿＿＿＿＿＿＿＿＿＿＿＿＿。

【提示】单击"查看"→"程序员"命令，打开如图 1-9 所示窗口。

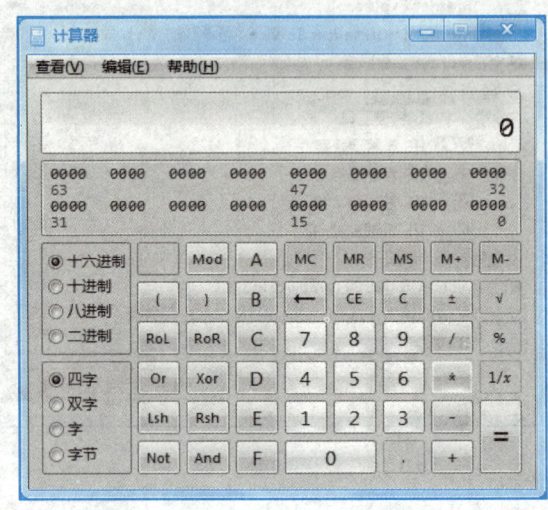

图 1-9 "计算器"窗口的"程序员"模式

【思考】"计算器"程序能计算小数部分的进制转换吗？

计算从 1~10 这 10 个数的平均值、平均平方值、总和及标准偏差，将结果填在表 1-2 中。

表 1-2 统 计 结 果

统计项	统计值
平均值	
平均平方值	
总和	
标准偏差	

【提示】单击"查看"→"统计信息"命令，输入或单击数据，然后单击 Add 按钮将数据添加到数据集中，最后再单击要进行统计信息计算的按钮。各计算按钮的功能如表 1-3 所示。

表 1-3 计算按钮的功能

按钮	功能
$\bar{x}$	平均值
$\overline{x^2}$	平均平方值

续表

按钮	功能
$\sum x$	总和
$\sum x^2$	平方值总和
σ_n	标准偏差
σ_{n-1}	总体标准偏差

（3）截图工具。

① 将"计算器"窗口截图，把图片保存到桌面上。

② 用浏览器打开昆明学院主页，使用"任意格式截图"方式截取网页上的校徽，把校徽图片保存到桌面上。

1.3 文件与磁盘管理

一、实验目的

1. 掌握文件和文件夹的查看方法。
2. 掌握文件和文件夹的常用操作。
3. 掌握回收站的管理方法。
4. 掌握磁盘的管理方法。

二、实验内容

1. 视图查看方式的切换。
2. 文件夹选项的高级设置。
3. 文件和文件夹的常用操作。
4. 搜索功能的使用。
5. 磁盘分区信息的查看。
6. "磁盘清理"程序的使用。
7. "磁盘碎片整理程序"的使用。

三、实验步骤

1. 视图查看方式的切换

打开"计算机"窗口，单击工具栏中的"视图"下拉按钮，切换不同的视图查看方式，如大图标、小图标、列表和详细信息等，观看效果。

2. 文件夹选项的高级设置

（1）显示隐藏的文件、文件夹或驱动器。

（2）显示受保护的操作系统文件，并列举出 3 个操作系统文件。

① _____。

② _____。

③ _____。

（3）隐藏已知文件类型的扩展名。

【提示】单击"工具"→"文件夹选项"命令，在打开的对话框中单击"查看"选项卡，在"高级设置"列表框中设置，如图 1-10 所示。

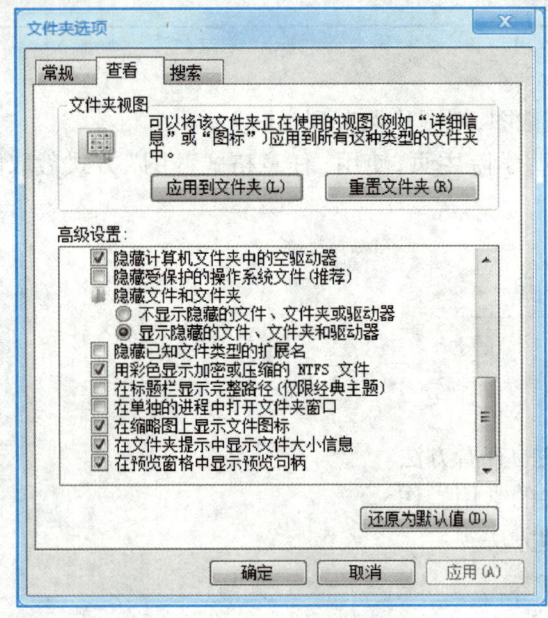

图 1-10 "文件夹选项"对话框

3. 文件和文件夹的常用操作

（1）查看 C:盘和 D:盘的信息，填写表 1-4。

表 1-4 磁盘分区信息

磁盘分区	容量	已用空间	可用空间	文件系统
C:				
D:				

（2）新建文件夹和文件。

① 在 D:盘根目录创建名为"Student"的文件夹，在 Student 文件夹下再创建名为"1 班""2 班"和"3 班"3 个子文件夹。

② 在"1 班"文件夹下创建"班费.txt"文本文件、"通知.docx" Word 文档和"成绩.xlsx" Excel

工作表 3 个文件；在"2 班"文件夹下创建"照片"子文件夹。

【提示】在目标位置空白处右击，在弹出的快捷菜单中选择"新建"子菜单，然后单击相应的文件类型。

(3) 重命名文件和文件夹。

① 将"Student"文件夹重命名为"学生"。

② 将"成绩.xlsx"文件重命名为"1 班成绩.xlsx"。

(4) 复制和移动文件。

① 将"D:\学生\1 班\班费.txt"文件复制到 D:\学生\2 班。

② 将"D:\学生\1 班\通知.docx"文件移动到 D:\学生。

③ 在桌面上创建"学生"文件夹的快捷方式。

(5) 删除和还原文件。

① 删除"D:\学生\1 班\班费.txt"和"D:\学生\2 班\班费.txt"文件，放入回收站。

② 从回收站还原"D:\学生\1 班\班费.txt"文件。

③ 从回收站删除"D:\学生\2 班\班费.txt"文件。

④ 物理删除"D:\学生\3 班"文件夹，不放入回收站。

(6) 设置文件和文件夹属性。

① 设置"D:\学生\1 班\班费.txt"文件的属性为"只读"，测试文件内容是否能被修改。

② 设置"D:\学生\1 班"文件夹的属性为"隐藏"，如果文件夹依然可见，在图 1-10 所示的对话框中选择"不显示隐藏的文件、文件夹或驱动器"单选按钮。

4. 搜索功能的使用

(1) 搜索"库"中扩展名为 jpg 的图片文件，并将前 5 个文件复制到"D:\学生\2 班\照片"文件夹中。

【提示】在导航窗格单击"库"选项，在搜索框中输入"*.jpg"。

(2) 搜索"C:\Windows\Media"文件夹中扩展名为 wav 的声音文件，在搜索结果中可以添加搜索筛选器，再次单击搜索框，在扩展列表中单击"大小"按钮，在展开的大小选项中选择"中（100 KB~1 MB）"选项，如图 1-11 所示，即可搜索出大小在 100 KB~1 MB 的文件。

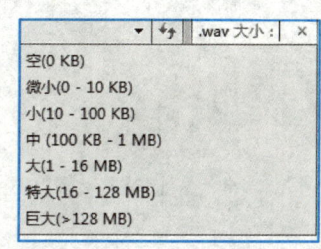

图 1-11　添加搜索筛选器

(3)"计算器"程序的文件名为 calc.exe，在 C: 盘中搜索"计算器"程序文件所在的位置。

5. 磁盘分区信息的查看

右击桌面上"计算机"图标，在弹出的快捷菜单中选择"管理"命令，打开"计算机管理"窗口，单击"存储"选项卡下的"磁盘管理"选项，将观察结果记录在表 1-5 中。

表 1-5　磁盘分区信息

存储器	盘符	分区类型	容量	文件系统

6. "磁盘清理"程序的使用

对 C: 盘进行磁盘清理,将本次清理结果记录在表 1-6 中。

表 1-6　磁盘清理信息

清理项	大小
已下载的程序文件	
Internet 临时文件	
回收站	
临时文件	

7. "磁盘碎片整理程序"的使用

对 C: 盘进行分析,如果碎片率超过 5%,则对 C: 盘进行碎片整理。

C: 盘的碎片率为 _____%。

第 2 章　Word 2010 文字处理软件

2.1　文本的输入、编辑和格式设置

一、实验目的

1. 熟练掌握一种汉字输入法,能较快地输入文本内容。
2. 熟练掌握文本的选定、复制、剪切、粘贴,操作的撤销、恢复,文本的查找和替换功能,项目符号和编号的设置方法。
3. 掌握字符格式、段落格式、页面格式、背景格式的设置方法。

二、实验内容

1. 制作会议安排通知。
2. 编辑打字比赛报告。

三、实验步骤

1. 制作会议安排通知

按要求制作会议安排通知,如图 2-1 所示,保存为"通知 .docx"。

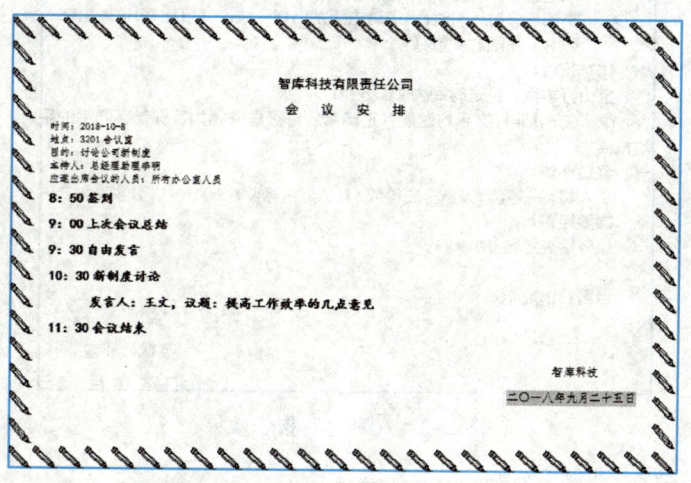

图 2-1　会议安排通知

(1)启动 Word 2010 文字处理软件,在软件启动的同时自动新建了文档 1。
(2)在文档 1 中按样文输入会议安排通知的文本内容。
(3)最后一行的日期用插入"日期和时间"输入并能自动更新,给日期加上字符底纹。
(4)标题"智库科技有限责任公司会议安排"设置为黑体,字号三号,居中;设置"会议安

排"分散对齐的文字宽度为 5 厘米。

（5）正文第 1 到第 5 行文本设置为仿宋,字号小四;第 6 到第 11 行设置为楷体,字号三号,加粗;最后两行设置为仿宋,字号四号。

（6）设置如图 2-1 所示的艺术型页面边框,设置纸张方向为横向。

（7）保存该文档为"通知 .docx"。

2. 编辑打字比赛报告

按要求编辑文档"打字比赛报告 .docx",如图 2-2 所示,保存为"打字比赛报告效果 .docx"。

素材:
打字比赛报告 .docx

图 2-2　打字比赛报告效果

（1）用替换的方法一次性删除文档中的所有空行。

（2）在文本的最前面插入标题"关于举行 18 级新生打字比赛的报告"。

（3）将参加人员和组织机构交换位置。

（4）标题设置为"标题"样式,分为两行,行间距为固定值 15 磅;"南方大学教学处:"设置为华文琥珀、四号字、加拼音字母;其下第一段字符间距设置为加宽 2 磅;其下各小标题设置为宋体、五号字、加粗。

（5）将文档中所有"参加"替换为"比赛"，并加红色双波浪线；将文档中所有数字设置为绿色、西文字体为 Arial Black。

（6）按图插入符号"="" ×"。

（7）按图设置各段首行缩进 2 字符；"当否，请批示。"的段前、段后均为 1 行；最后两行的行间距为固定值 20 磅、右对齐。

（8）按图设置项目符号和编号。

（9）制作水印：原件（字号 96 磅、红色、半透明、斜式）。

（10）设置上、下页边距均为 2 厘米，左、右页边距均为 3 厘米，纸型为 B5。

（11）该文档另存为"打字比赛报告效果 .docx"。

2.2 图文混排

一、实验目的

1. 学会利用形状绘制各种图形并编辑美化。
2. 掌握艺术字、文本框、图片、剪贴画、SmartArt 图的插入和编辑方法。
3. 掌握图文混排的各种设置方法和技巧。

二、实验内容

1. 制作商业网站 LOGO。
2. 制作演讲人座签。
3. 制作美食客快餐厅订餐卡。
4. 制作公益广告。
5. 设计美文赏析页面。

三、实验步骤

1. 制作商业网站 LOGO

按要求制作商业网站 LOGO，如图 2-3 所示，保存为"LOGO.docx"。

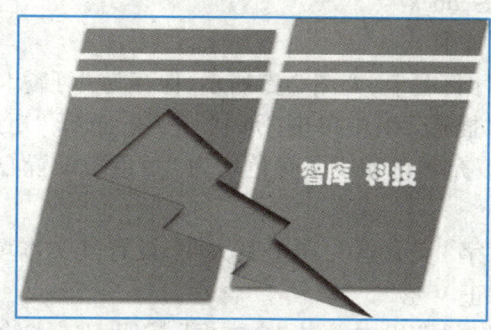

图 2-3　商业网站 LOGO

（1）在"插入"选项卡"插图"组中单击"形状"按钮，选择"平行四边形"选项，绘制出一个平行四边形，调整其大小，并选择一个形状样式中的主题填充色。

（2）按住 Ctrl+Shift 组合键向右拖曳鼠标，水平复制形状并调整位置；按住 Shift 键，单击加选左边的形状，选择"形状填充"组"渐变"组"线性向右"渐变效果。

（3）插入"闪电"形状，设置形状填充为"浅蓝"，形状轮廓为"无轮廓"，形状效果为"阴影"的"内部右上角"，调整其大小和位置。

（4）插入"矩形"形状，设置为"无填充颜色""无轮廓"，调整其大小和位置；按住 Ctrl+Shift 组合键向下拖曳鼠标，垂直复制形状，可利用键盘上的方向键进行微调让形状位于如图 2-3 所示位置。

（5）按图添加形状中的文字并设置字体为华文琥珀，字号小二；按住 Ctrl 键选中各个形状，在边框上右击，在弹出的快捷菜单中单击"组合"子菜单中的"组合"命令。

（6）保存该文档为"LOGO.docx"。

2. 制作演讲人座签

按要求制作演讲人座签，如图 2-4 所示，保存为"座签.docx"。

图 2-4　演讲人座签

（1）在"插入"选项卡中单击"表格"按钮，选择"绘制表格"选项，绘制出方框和中间的虚线。

（2）在下框中插入文本框，文本框设置为"无线条"，输入"演讲人"，设置字体为华文琥珀，在字号框输入"100"，调整其位置并复制。

（3）把复制的文本框"演讲人"放到上框中，选中并旋转文本框即可。

（4）保存该文档为"座签.docx"。

3. 制作美食客快餐厅订餐卡

按要求制作美食客快餐厅订餐卡，如图 2-5 所示，保存为"订餐卡.docx"。

（1）在"插入"选项卡"插图"组中单击"形状"按钮，选择"矩形"和"心形"绘制出方框和其中的心形，设置方框的填充颜色和线条颜色均为"黄色"，设置心形的填充颜色和线条颜色均为"红色"。

（2）在方框中插入艺术字"美食客"，调整其大小，设置其文本填充颜色为"红色"，设置文本效果为"转换"效果中的"正 V 形"。

（3）在"插入"选项卡"文本"组中单击"文本框"按钮，选择"绘制文本框"选项，文本框设置为无填充"和"无线条"，再复制两个，各自输入"快餐厅""订餐卡"等文字并设置字体、字号。

图 2-5　美食客快餐厅订餐卡

（4）右击心形添加文字"美食客",选中"食客",在"开始"选项卡"段落"组中单击"中文版式"按钮,选择"双行合一"选项,再选中"美食客",设置字体为华文琥珀,字号为 48 号,字体颜色为白色。

（5）右击"订餐卡"文本框,在弹出的快捷菜单中单击"置于顶层"命令。

（6）保存该文档为"订餐卡 .docx"。

4. 制作公益广告

按要求制作公益广告,如图 2-6 所示,保存为"广告 .docx"。

> 素材:
>
> 孩子 .jpg

图 2-6　海报

【提示】图片为"孩子.jpg",艺术字"关注农村,关注孩子"的形状填充为"纹理"中的"白色大理石",图片样式为"棱台左透视,白色"。

5. 设计美文赏析页面

按要求编辑文档"美文赏析.docx",如图2-7、图2-8所示,保存为"美文赏析页面效果.docx"。

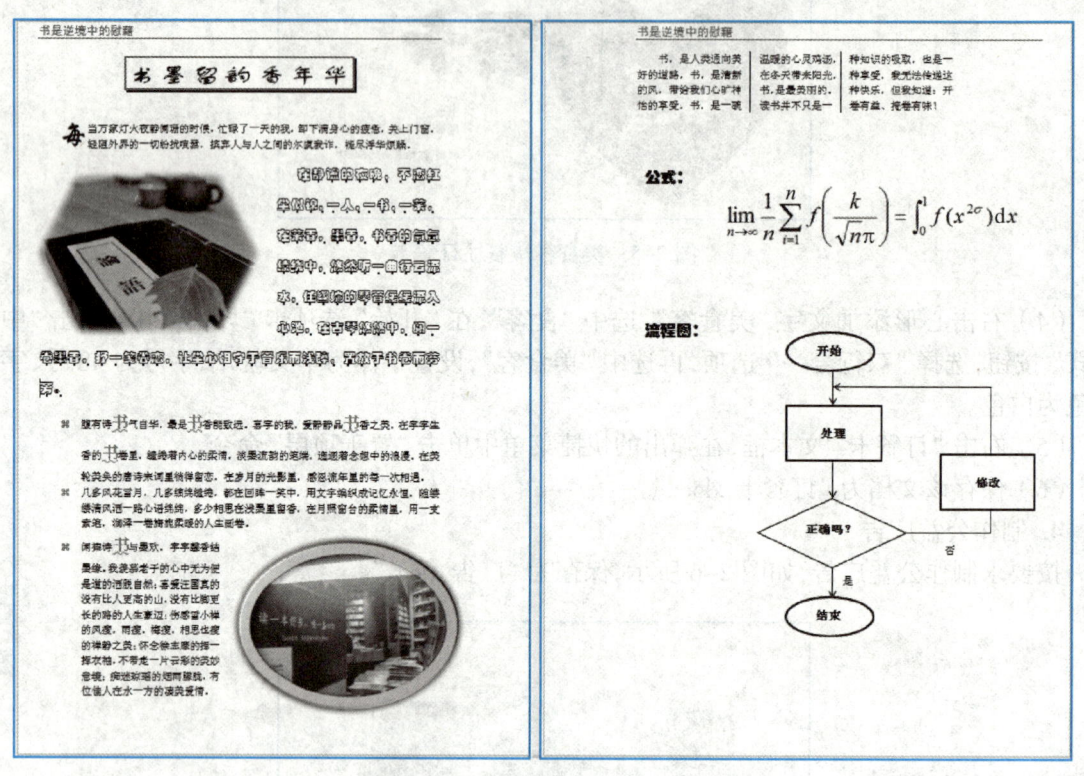

图2-7 美文赏析页面效果1

(1)设置页边距上、下各2.5厘米,左、右各3.3厘米;设置页眉文字为"书是逆境中的慰藉",黑体,小四号,左对齐。

(2)将标题设置为方正舒体、二号、居中,字符缩放150%并加2.25磅红色实线阴影边框。

(3)将"在静谧的夜晚……"另起一段;正文各段首行缩进2字符。

(4)将正文第1段设置为段前10磅、段后10磅,首字设置为首字下沉,字体为华文行楷,下沉2行。

(5)将正文第2段设置为华文彩云、四号、加着重号。

(6)给正文第3至第5段加上项目符号,项目符号颜色为红色。

(7)将正文第3至第5段中的"书"设置为三号、加粗、绿色、加波浪线。

(8)插入图片"书之香.jpg",文字环绕方式为四周型,裁剪图片形状为六边形,图片效果为"柔化边缘,10磅";插入图片"书之味.jpg",图片位置为底端居右,图片样式为金属椭圆。

(9)将正文第6段分为3栏,第1、3栏宽度为10字符,第2栏宽度为7字符,并加上分隔线。

【提示】选中第6段时不选段落标记。

▶素材:

书之香.jpg
书之味.jpg

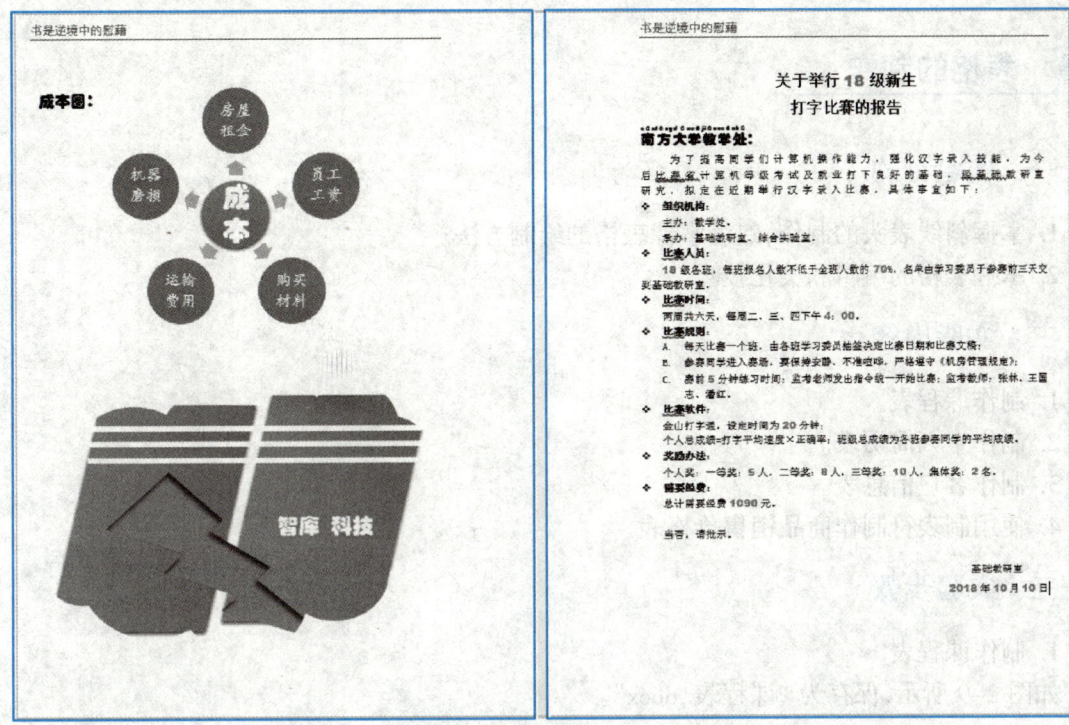

图 2-8　美文赏析页面效果 2

（10）将光标定位于正文后，插入如下数学公式。

$$\lim_{n\to\infty}\frac{1}{n}\sum_{i=1}^{n}f\left(\frac{k}{\sqrt{n}\pi}\right)=\int_{0}^{1}f(x^{2\sigma})\,\mathrm{d}x$$

（11）插入流程图。

（12）使用 SmartArt 制作成本图：中心圆点形状样式为强烈效果 – 橙色；文本设置为华文琥珀，28 号；四周文本设置为华文楷体，16 号。

【提示】插入 SmartArt，选择"循环"组中的"分离射线图"选项；单击 SmartArt 工具栏的"设计"选项卡，选择"文本窗格"选项，可在文本窗格中输入文本，增加或减少文本。

（13）插入前面制作保存的"LOGO.docx"文档中的 LOGO 截图，并裁剪为"云形"。

（14）文件内容的插入：将前面编辑保存的"打字比赛报告效果 .docx"文档内容插入到本文档的最后。

【提示】在"插入"选项卡"文本"组中单击"对象"按钮右侧的下拉按钮，在下拉列表中选择"文件中的文字"选项。

（15）保存该文档为"美文赏析页面效果 .docx"。

2.3 表格的制作

一、实验目的

1. 掌握斜线表头的制作,熟练掌握表格的绘制方法。
2. 掌握表格的编辑和美化技巧。

二、实验内容

1. 制作课程表。
2. 制作个人简历表。
3. 制作客户信息表。
4. 使用制表符制作商品销售价格表。

三、实验步骤

1. 制作课程表

如图 2-9 所示,保存为"课程表 .docx"。

科\日期\节数\目	星期一	星期二	星期三	星期四	星期五
上午 第一节					
上午 第二节					
上午 第三节					
上午 第四节					
下午 第五节					
下午 第六节					

图 2-9 课程表

2. 制作个人简历表

如图 2-10 所示,保存为"个人简历表 .docx"。

3. 制作客户信息表

将下列第一个表格(如图 2-11)嵌入到第二个表格(如图 2-12)中,制作嵌套表格,如图 2-13 所示,保存为"客户信息表 .docx"。

(1)按图 2-11、图 2-12 所示绘制第一个表格和第二个表格。

(2)复制第一个表格,在第二个表格中需嵌入表格的位置右击,在弹出的快捷菜单中单击"粘贴选项"中的"嵌套表"选项。

(3)当表格跨页时,如果希望表格的表头部分显示在每一页的第一行,可将光标置于表头行的任意位置,在"表格工具"/"布局"选项卡中单击"重复标题行"按钮。

<table>
<tr><th colspan="7">个人简历表</th></tr>
<tr><td>姓名</td><td></td><td>性别</td><td></td><td>年龄</td><td></td><td rowspan="4">照片</td></tr>
<tr><td>出生日期</td><td></td><td>籍贯</td><td></td><td>民族</td><td></td></tr>
<tr><td>学历</td><td colspan="2"></td><td>毕业院校</td><td colspan="2"></td></tr>
<tr><td>政治面貌</td><td colspan="2"></td><td>专业</td><td colspan="2"></td></tr>
<tr><td>联系电话</td><td colspan="2"></td><td>电子邮箱</td><td colspan="3"></td></tr>
<tr><td>家庭住址</td><td colspan="6"></td></tr>
<tr><td rowspan="5">受教育经历</td><td>时间</td><td colspan="3">地点</td><td colspan="2">备注</td></tr>
<tr><td></td><td colspan="3"></td><td colspan="2"></td></tr>
<tr><td></td><td colspan="3"></td><td colspan="2"></td></tr>
<tr><td></td><td colspan="3"></td><td colspan="2"></td></tr>
<tr><td></td><td colspan="3"></td><td colspan="2"></td></tr>
<tr><td>社会实践经历</td><td colspan="6"></td></tr>
<tr><td>技能水平</td><td colspan="6"></td></tr>
<tr><td>自我评价</td><td colspan="6"></td></tr>
</table>

图 2-10 个人简历表

<table>
<tr><td>性别：□男 □女</td><td>年龄：</td><td>婚姻状况：</td></tr>
<tr><td>民族：</td><td>学历：</td><td>爱好：</td></tr>
<tr><td rowspan="2">联系方式</td><td colspan="2">手机：</td></tr>
<tr><td colspan="2">E-mail:</td></tr>
</table>

图 2-11 第一个表格

编号	姓名	客户资料	备注

图 2-12 第二个表格

<table>
<tr><th>编号</th><th>姓名</th><th colspan="3">客户资料</th><th>备注</th></tr>
<tr><td rowspan="4">1</td><td rowspan="4">王文艳</td><td>性别：□男 □女</td><td>年龄：</td><td>婚姻状况：</td><td rowspan="4"></td></tr>
<tr><td>民族：</td><td>学历：</td><td>爱好：</td></tr>
<tr><td rowspan="2">联系方式</td><td colspan="2">手机：</td></tr>
<tr><td colspan="2">E-mail:</td></tr>
<tr><td rowspan="4">2</td><td rowspan="4">李林</td><td>性别：□男 □女</td><td>年龄：</td><td>婚姻状况：</td><td rowspan="4"></td></tr>
<tr><td>民族：</td><td>学历：</td><td>爱好：</td></tr>
<tr><td rowspan="2">联系方式</td><td colspan="2">手机：</td></tr>
<tr><td colspan="2">E-mail:</td></tr>
<tr><td rowspan="4">3</td><td rowspan="4">刘月红</td><td>性别：□男 □女</td><td>年龄：</td><td>婚姻状况：</td><td rowspan="4"></td></tr>
<tr><td>民族：</td><td>学历：</td><td>爱好：</td></tr>
<tr><td rowspan="2">联系方式</td><td colspan="2">手机：</td></tr>
<tr><td colspan="2">E-mail:</td></tr>
<tr><td rowspan="4">4</td><td rowspan="4">陈丽</td><td>性别：□男 □女</td><td>年龄：</td><td>婚姻状况：</td><td rowspan="4"></td></tr>
<tr><td>民族：</td><td>学历：</td><td>爱好：</td></tr>
<tr><td rowspan="2">联系方式</td><td colspan="2">手机：</td></tr>
<tr><td colspan="2">E-mail:</td></tr>
<tr><td rowspan="4">5</td><td rowspan="4">张志强</td><td>性别：□男 □女</td><td>年龄：</td><td>婚姻状况：</td><td rowspan="4"></td></tr>
<tr><td>民族：</td><td>学历：</td><td>爱好：</td></tr>
<tr><td rowspan="2">联系方式</td><td colspan="2">手机：</td></tr>
<tr><td colspan="2">E-mail:</td></tr>
</table>

图 2-13 客户信息表

4. 使用制表符制作商品销售价格表

如图 2-14 所示，保存为"商品销售价格表.docx"。

商品销售价格表				
货号	品名	单位	数量	单价
501	长虹彩电	台	18	7560.8
505	海尔电冰箱	台	5	2800.00
701	健力宝饮料	箱	240	68.4
708	椰子糖	公斤	80	7.35

图 2-14　商品销售价格表

2.4 编辑长文档

一、实验目的

1. 熟练掌握页眉和页脚的设置方法。
2. 掌握样式的使用方法。
3. 学会使用大纲视图和设置大纲级别。
4. 熟练掌握目录的创建和更新方法。
5. 掌握分节的应用方法。
6. 学会字符的双行合一的注释方法；掌握脚注、尾注、题注的插入方法。

二、实验内容

按实验步骤要求编辑长文档"长文档处理.docx"。

三、实验步骤

素材：
长文档

按要求编辑文档"长文档处理.docx"，如图 2-15~图 2-17 所示，保存为"长文档处理效果.docx"。

（1）设置页眉和页脚。第一页页眉为"电子表格软件"，以后各页页眉为"数据的输入"，字体均为楷体，四号，右对齐；页脚起始页码为 16，居中。

（2）新建样式。按照图 2-16 所示，以正文为基准样式，新建"重点段落"样式，字体为方正舒体，字号为二号，加粗，段前和段后均为 0.5 行，行距为固定值 18 磅，自动更新，应用在正文第 4、5 段。

（3）修改样式。更改正文第 4 段的格式：字体为华文彩云，字号为四号、倾斜，观察正文第 5 段的格式随第 4 段的格式变化而变化；任意修改新建的"重点段落"样式，观察应用了该样式的第 4、5 段的格式变化。

（4）创建文档目录，如图 2-15 所示。

【提示 1】先设置要放入目录中的各标题的大纲级别或标题样式，再在文档前插入目录。

【提示 2】目录创建完成后，由于目录和章节之间建立了链接关系，所以只要按住 Ctrl 键单击目录中的某个标题条目，就可以跳转到该标题条目所在的页面。

【提示 3】学会导航窗格的使用。

（5）使用分节的方法，使正文另起一页；按图给目录页面和正文页面设置不同格式的页码，目录页面的页码为罗马数字Ⅰ，正文页面的页码加"马赛克 2"格式，如图 2-16 所示。

（6）更新文档目录。改变 5.3.2 节的页码为第 19 页，并把 5.3.2 节的标题改为"数值型数据的输入"，然后更新目录，如图 2-15 所示。

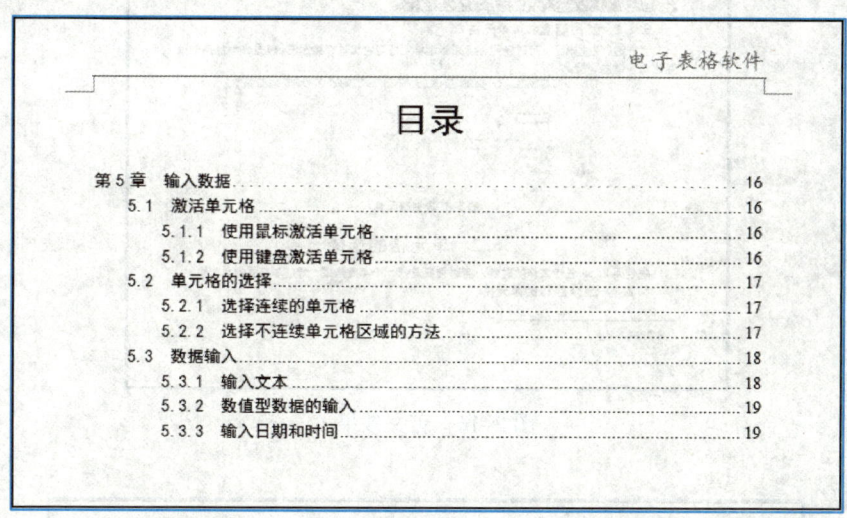

图 2-15　文档目录效果

（7）如图 2-16 和图 2-17 所示，按样文为首页中的"Excel"增加双行合一的注释效果；为 5.1 节标题中的"单元格"增加尾注；为 5.1.1 节标题中的"鼠标"增加脚注。

（8）按样文为文档中的图形插入题注。

（9）在保持目录页和正文页的页眉、页脚不改变的前提下，在目录页前插入封面页，封面页删除页眉、页脚和页眉横线。

（10）保存该文档为"长文档处理效果.docx"。

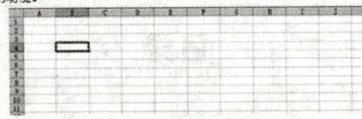

图 2-16 正文效果 1

图 2-17 正文效果 2

2.5　使用模板和邮件合并

一、实验目的

1. 学会自定义模板，并能利用 Word 软件提供的模板创建文档。
2. 掌握邮件合并功能。

二、实验内容

1. 自定义模板和使用已有模板。
2. 制作邀请函。
3. 制作成绩通知单。

三、实验步骤

1. 自定义模板和使用已有模板

（1）自定义信签模板：新建一个文档，输入并编辑信签模板的内容，保存，文件名为"信签.dotx"。

（2）在"文件"选项卡中选择"新建"选项，在"可用模板"列表中选择需要使用的模板，如"样本模板"里的"基本报表"，单击"创建"按钮，Word 2010 会创建一个基于该模板的新文档，在该文档的相关栏目中输入内容即可创建自己的报表，保存为"报表.docx"。

（3）在"文件"选项卡中选择"新建"选项，在"Office.com 模板"列表中选择需要使用的模板类型，如"基本"，此时 Word 2010 将连接 Office.com，然后显示该类模板列表，如选择"考勤记录"，单击"下载"按钮，Word 2010 在下载该模板的同时会创建一个基于该模板的新文档，在该文档的相关栏目中输入内容即可，保存为"考勤表.docx"。

（4）创建书法字帖。

① 在"文件"选项卡中选择"新建"选项，在"可用模板"列表中选择"书法字帖"模板，单击"创建"按钮打开"增减字符"对话框，同时 Word 2010 会创建一个基于该模板的新文档。

② 在对话框的"书法字体"下拉列表中选择需要使用的书法字体，如"汉仪唐隶繁"，在"可用字符"列表中按住 Ctrl 键选择需要使用的字符，单击"添加"按钮将其添加到右边"已用字符"列表中，添加完字符后，单击"关闭"按钮，此时新文档中将插入选择的字符。

③ 选择"书法"选项卡，单击"网格样式"按钮，选择字帖网格的样式，如"九宫格"。

④ 选择"书法"选项卡，单击"选项"按钮，在打开的"选项"对话框的"字体"选项卡中，选择文字颜色为"红色"，效果为"空心"，再选择"网格"选项卡，设置网格的样式，随后选择"常规"选项卡，设置字帖每页的行列数、字符数和纸张方向，单击"确定"按钮。

⑤ 保存该新文档为"书法字帖.docx"，打印文档即可获得自己的字帖。

2. 制作邀请函

按要求制作邀请函，保存为"邀请函.docx"。

（1）如图 2-18、图 2-19 所示，创建“邀请函主文档 .docx”和“邀请函数据源 .docx”。

（2）打开“邀请函主文档 .docx”，选择“邮件”选项卡，单击“选择收件人”按钮，选择“使用现有列表”选项，选择数据源为“邀请函数据源 .docx”，单击“打开”按钮。

（3）单击“插入合并域”按钮，插入“《姓名》”“《称谓》”合并域。

（4）单击“完成并合并”按钮，选择“编辑单个文档”选项，在“合并到新文档”对话框中选择“全部”选项。

（5）保存“信函 1”文档为“邀请函 .docx”，如图 2-20 所示。

素材：邀请函主文档

邀请函

«姓名»«称谓»:

我公司将于 2018 年 5 月 28 日召开新产品发布会，特邀您参加。

时间：下午 2：30

地点：海航宾馆二楼展厅

中南科技股份有限公司

2018 年 5 月 6 日

图 2-18 邀请函主文档

素材：邀请函数据源

姓名	称谓
张浩	先生
李珊珊	女士
陈天如	女士
刘博	先生

图 2-19 邀请函数据源

邀请函

张浩先生:

我公司将于 2018 年 5 月 28 日召开新产品发布会，特邀您参加。

时间：下午 2：30

地点：海航宾馆二楼展厅

中南科技股份有限公司

2018 年 5 月 6 日

图 2-20 邀请函

3. 制作成绩通知单

根据数据源制作每位考生的成绩通知单,要求根据情况提示考生是否获得复试资格。

(1)如图 2-21、图 2-22 所示,创建"成绩通知单主文档.docx"和"成绩通知单数据源.xlsx"。

南方大学硕士生入学考试成绩通知单

考生编号:　　　　　　　　　考生姓名:

专业方向:计算机体系结构　　　报考院系:计算机系

考试科目	分　数	复试分数线
政治		60
英语		51
数学		60
数据结构		60
总分		296

南方大学

素材:
成绩通知单主文档

图 2-21　成绩通知单主文档

	A	B	C	D	E	F	G
1	考生编号	姓名	政治	英语	数学	数据结构	总分
2	1012001	陈怡	77	53	85	79	294
3	1012002	杜文昊	69	64	94	81	308
4	1012003	李明	86	51	83	80	300
5	1012004	刘胜君	85	52	80	73	290
6	1012005	罗胜刚	79	50	88	81	298
7	1012006	孟翔	80	65	74	76	295
8	1012007	赵玲玲	77	58	80	79	294
9	1012008	郑广智	82	53	95	76	306

素材:
成绩通知单数据源

图 2-22　成绩通知单数据源

(2)打开"成绩通知单主文档.docx",选择"邮件"选项卡,单击"选择收件人"按钮,选择"使用现有列表"选项,选择数据源为"成绩通知单数据源.xlsx",单击"打开"按钮。

(3)单击"插入合并域"按钮,插入"《考生编号》""《姓名》""《政治》""《英语》""《数学》""《数据结构》"和"《总分》"域。

(4)单击"规则"按钮,选择"如果…那么…否则"选项,选择域名为"总分",选择比较条件为"小于",选择比较对象为"296",在"则插入此文字"框中输入"很抱歉,您未能获得复试资格。欢迎再次报考,谢谢!",在"否则插入此文字"框中输入"恭喜你!请于2018年3月29日8:00持准考证前往博识楼2305参加复试。",单击"确定"按钮。

(5)单击"完成并合并"按钮,选择"编辑单个文档"选项,在"合并到新文档"对话框中选择"全部"选项。

(6)保存"信函1"文档为"成绩通知单.docx",如图2-23所示。

南方大学硕士生入学考试成绩通知单

考生编号:1012001　　　　　考生姓名:陈　怡

专业方向:计算机体系结构　　报考院系:计算机系

考试科目	分　数	复试分数线
政治	77	60
英语	53	51
数学	85	60
数据结构	79	60
总分	294	296

很抱歉,您未能获得复试资格。欢迎再次报考,谢谢!

南方大学

图2-23　成绩通知单

第 3 章　Excel 2010 电子表格软件

3.1　Excel 工作表基本操作

一、实验目的

1. 了解并熟悉 Excel 2010 的窗口组成、Excel 的基本对象。
2. 掌握工作表中的数据编辑、填充柄的使用方法。
3. 掌握在工作表中插入行或列、移动行或列数据的方法。
4. 掌握单元格格式设置方法。
5. 掌握工作表的重命名、插入、复制、移动、删除的方法。

二、实验内容

1. 各种类型数据的录入方法及技巧。
2. 工作表格式化设置。

三、实验步骤

1. 各种类型数据的录入方法及技巧

（1）启动 Excel 2010，创建一个新工作簿 3-1-1.xlsx。

（2）按照图 3-1 在 Sheet1 工作表中录入数据。

图 3-1　学生档案管理表

① 在 A1 单元格中录入"xx 学院 xx 班学生档案管理表"。
② "序号"列使用填充柄填充录入序号。
③ "性别"和"政治面貌"列使用"数据有效性"功能，用选择列表法录入。
④ "学号"列采用"自定义格式代码"录入。

⑤ 将"身份证号码"和以 0 开头的"联系电话"列的值作为文本型数据录入,在输入时先输入单引号"'"。

⑥ 将"出生日期"列作为日期类型数据录入。

2. 工作表格式化设置

按照图 3-2 对 Sheet1 工作表进行格式设置。

	A	B	C	D	E	F	G	H	I	J	K	L
1					xx学院xx班学生档案管理表							
2	序号	学号	姓名	性别	身份证号码	籍贯	政治面貌	出生日期	联系电话	家庭住址	是否贫困生	已交书费
3	1	201103190501	孔新	男	530102199309292110	云南	团员	1993年9月29日	087164325267	云南昆明		¥600.00
4	2	201103190505	毕花溪	女	532201199302041520	云南	党员	1993年2月4日	13856546546	云南曲靖	是	¥450.00
5	3	201103190510	陈建利	男	532322199406155653	云南	预备党员	1994年6月15日	13532542365	云南楚雄		¥600.00
6	4	201103190511	普董	男	140227199407186565	山西	党员	1994年7月18日	15899797900	山西大同	是	¥600.00
7	5	201103190512	陈婷	女	532502199412256256	云南	预备党员	1994年12月25日	15842287678	云南红河		¥600.00
8	6	201103190513	陈川	男	530103199302213562	云南	团员	1993年2月21日	13767548984	云南昆明		¥600.00
9	7	201103190515	林硕	男	532701199406084312	云南	团员	1994年6月8日	13565457890	云南普洱		¥300.00
10	8	201103190517	陈明丽	女	510700199307309845	四川	团员	1993年7月30日	13676766877	四川绵阳		¥600.00
11	9	201103190518	谢燕	女	533221199305086565	云南	党员	1993年5月8日	13726686890	云南丽江		¥450.00
12	10	201103190519	李林栏	女	533102199411073236	云南	预备党员	1994年11月7日	13445690090	云南瑞丽		¥600.00

图 3-2 学生档案管理表格式设置

(1) 将 Sheet1 工作表命名为"学生档案管理表"。

(2) 将 A1:L1 的单元格合并,并使"xx 学院 xx 班学生档案管理表"合并居中;设置文字为宋体,16 磅,字形加粗。

(3) 设置字段名称为宋体,10 磅,字形加粗;单元格居中。

(4) 在"已交书费"列前插入一列,字段名为"是否贫困生",并录入相应数据。

(5) 设置 A3:D13、K3:K13 的单元格区域为居中对齐;E3:E13、H3:I13 单元格区域为左对齐。

(6) 设置 H3:H13 区域格式为"XXXX 年 XX 月 XX 日"。

(7) 设置 L3:L13 的单元格区域为右对齐,数值格式为货币符号¥且带有两位小数。

(8) 设置纸张方向为横向。

(9) 设置整个表格各单元格的边框为黑色单线,整个表格的外围边框为黑色粗线;设置标题列的下线为双线。在打印预览中查看效果。

(10) 设置字段名称行的底纹为浅蓝色。

(11) 对各行高、列宽进行适当调整。

(12) 保存该工作簿。

3.2 公式和函数的应用

一、实验目的

1. 掌握公式的创建、编辑及应用。
2. 掌握常用函数的应用。
3. 掌握函数嵌套的方法。

二、实验内容

1. 公式的创建、编辑及应用。
2. 常用函数 sum( )、average( )、max( )、count( )、countif( )、rank( )的应用。
3. if( )函数的嵌套。

三、实验步骤

1. 公式的创建、编辑及应用

按照图 3-3 编辑"书籍销售信息"工作表。

| \multicolumn{9}{c}{12月书籍销售信息} |
序号	书籍名	进货量	进货单价	销售量	销售单价	剩余库存量	销售额	销售利润
1	计算机应用基础	1000	¥ 28.30	830	¥ 32.00	170	¥26,560.00	¥3,071.00
2	操作系统原理	500	¥ 24.20	320	¥ 28.00	180	¥ 8,960.00	¥1,216.00
3	数据库原理	600	¥ 19.40	480	¥ 23.80	120	¥11,424.00	¥2,112.00
4	OFFICE办公软件	1500	¥ 22.30	1000	¥ 25.00	500	¥25,000.00	¥2,700.00
5	英语	500	¥ 19.80	250	¥ 23.50	250	¥ 5,875.00	¥ 925.00
6	高等数学	400	¥ 21.70	250	¥ 25.20	150	¥ 6,300.00	¥ 875.00
7	电路基础	300	¥ 15.40	180	¥ 18.90	120	¥ 3,402.00	¥ 630.00
8	AUTOCAD	450	¥ 27.30	320	¥ 31.00	130	¥ 9,920.00	¥1,184.00
9	Photoshop 8.0	650	¥ 29.00	460	¥ 33.50	190	¥15,410.00	¥2,070.00

图 3-3 书籍销售信息

(1) 将学生素材文件夹下的 s3-2-1.xlsx 文件复制到学生个人文件夹下,并将其重命名为 3-2-1.xlsx。

素材:
s3-2-1.xlsx

(2) 打开 3-2-1.xlsx 工作簿,在"书籍销售信息"工作表中设置 H3:I11 为货币格式,保留两位小数。

(3) 对每本书的剩余库存量、销售额和销售利润进行计算,其中剩余库存量=进货量-销售量,销售额=销售量 × 销售单价,销售利润=销售量 ×(销售单价-进货单价)。

(4) 计算完成后,保存该工作簿。

2. 常用函数 sum( )、average( )、max( )、count( )、countif( )、rank( )的应用

按照图 3-4 编辑"学生成绩表"工作表。

	A	B	C	D	E	F	G	H	I
1	学号	姓名	英语	高数	物理	化学	计算机	总分	名次
2	951201	刘伟凡	72	66	75	68	58	339	6
3	951202	叶小丽	65	75	80	77	68	365	2
4	951203	张超林	83	80	72	81	73	389	1
5	951204	吴 玲	66	63	81	75	80	365	2
6	951205	董大海	76	59	85	81	53	354	5
7	951206	吴一进	81	84	62	60	72	359	4
8	951207	应百银	45	79	75	62	63	324	7
9	平均分		70	72	76	72	67		
10	最高分		83	84	85	81	80		
11	及格率		85.7%	85.7%	100.0%	100.0%	71.4%		

图 3-4 学生成绩表

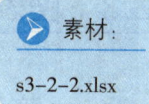
素材:
s3-2-2.xlsx

(1) 将学生素材文件夹下的 s3-2-2.xlsx 文件复制到学生个人文件夹下,并将其重命名为 3-2-2.xlsx,打开该工作簿。

（2）使用"条件格式"功能将个人成绩不及格的分数设为红色加粗。

（3）用函数 sum（）计算各人的总分。

（4）用函数 average（）、max（）计算表格中各门课程的平均分、最高分，用函数 countif（）和 count（）计算及格率。

【提示】计算及格率时选择 C11 单元格，在编辑栏中输入公式：

=countif（C2:C8,">=60"）或 =count（C2:C8）

（5）用函数 rank（）排名次。

（6）计算完成后，保存该工作簿。

3. if（）函数的嵌套

按照图 3-5 编辑"选手得分情况"工作表。

素材：

s3-2-3.xlsx

A 编号	B 姓名	C 评委1	D 评委2	E 评委3	F 评委4	G 评委5	H 评委6	I 评委7	J 选手得分	K 选手名次	L 获奖等级
1	何旭东	9.00	8.80	8.90	8.40	8.30	9.10	8.90	44.00	4	三等奖
2	赵敏生	5.80	6.80	5.90	6.00	6.90	6.90	6.40	32.00	10	
3	彭丹	8.00	7.50	7.30	7.40	7.90	8.20	8.00	38.80	9	
4	吴燕芳	8.60	8.20	8.90	9.00	7.90	8.30	8.50	42.50	7	
5	蓝静	8.20	8.10	8.80	8.90	8.40	9.00	8.50	42.80	6	三等奖
6	谢泳虹	8.00	7.60	7.80	7.50	7.90	7.80	8.00	39.10	8	
7	黄少峰	9.00	9.20	8.50	8.70	8.90	9.50	9.10	44.90	2	二等奖
8	陈永强	9.60	9.50	9.40	8.90	9.80	9.90	9.50	46.90	1	一等奖
9	陈植	9.20	9.00	8.70	8.30	9.00	8.80	9.10	44.60	3	三等奖
10	陈泉	8.80	8.60	8.90	8.80	9.00	8.30	8.40	43.50	5	三等奖

图 3-5　选手得分情况

（1）将学生素材文件夹下的 s3-2-3.xlsx 文件复制到学生个人文件夹下，并将其重命名为 3-2-3.xlsx，打开该工作簿。

（2）计算选手得分，其方法是在 7 个评委的分数中删除一个最高分和一个最低分，然后将剩下的分数相加。

（3）用函数 rank（）排出选手的名次。

（4）用 if（）函数计算出选手的获奖等级，其中第一名为"一等奖"，第二名为"二等奖"，第三、四、五、六名为"三等奖"。

【提示】选择 L2 单元格，在编辑栏中输入公式：

=if（K2=1,"一等奖",if（K2=2,"二等奖",if（K2<=6,"三等奖",""）））

（5）计算完成后，保存该工作簿。

3.3　图表操作

一、实验目的

1. 掌握 Excel 图表的创建及编辑方法。
2. 掌握图表美化的方法。

二、实验内容

1. 在工作簿中制作二维柱形图表。

2. 在工作簿中制作三维饼图。
3. 在工作簿中制作折线图。
4. 图表的美化。

三、实验步骤

1. 在工作簿中制作二维柱形图表

按照图3-6所示,选取销售统计表中的数据创建一个簇状柱形图。

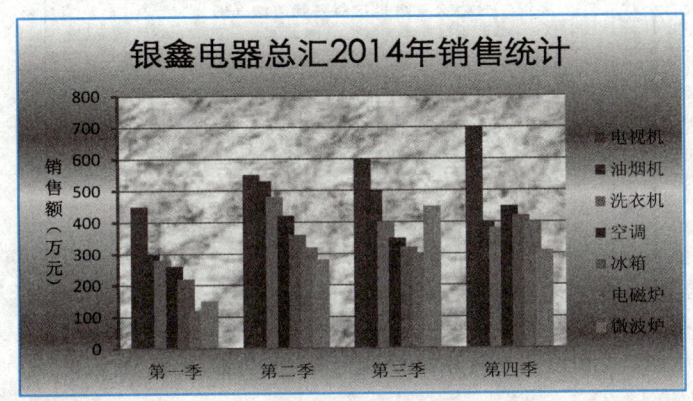

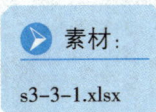

素材:
s3-3-1.xlsx

图3-6 电器销售信息

(1)将学生素材文件夹下的s3-3-1.xlsx文件复制到学生个人文件夹下,并将其重命名为3-3-1.xlsx。

(2)打开3-3-1.xlsx工作簿,"销售统计表"如图3-7所示,选取"销售统计表"中的数据创建一个簇状柱形图。

	A	B	C	D	E
1	银鑫电器总汇2014年部分商品销售统计表				
2	商品名称	第一季	第二季	第三季	第四季
3	电视机	450	550	600	700
4	油烟机	300	530	500	400
5	洗衣机	280	480	400	380
6	空调	260	420	350	450
7	冰箱	220	360	320	420
8	电磁炉	120	320	300	400
9	微波炉	150	280	450	310

图3-7 销售统计表

(3)以"商品名称"为图例,图表标题为"银鑫电器总汇2014年销售统计",嵌入在F1:L10区域中。

(4)将图表标题的格式设置为华文细黑、加粗、18磅、蓝色,将图表区格式设置为银波荡漾的过渡填充效果,将坐标轴格式设置为宽1.5磅的蓝色细实线,将背景墙设置为白色大理石的纹理填充效果,让数据系列重叠显示。

(5)按照样图所示,为图表添加纵坐标轴标题"销售额(万元)"。

(6)图表创建完成后,保存该工作簿。

2. 在工作簿中制作三维饼图

（1）将学生素材文件夹下的 s3-3-2.xlsx 文件复制到学生个人文件夹下，并将其重命名为 3-3-2.xlsx。

（2）根据工作簿 3-3-2.xlsx 中某公司在各地区每月销售额的数据，如图 3-8 所示，生成一个三维饼图，存放于 A16：F26 区域中，图表标题为"各地区每月销售情况"，创建完成后的图表如图 3-9 所示。

素材：
s3-3-2.xlsx

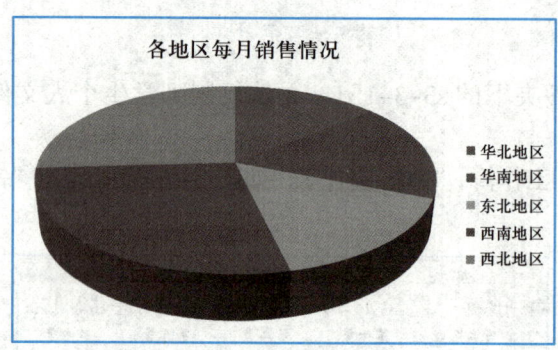

	A	B	C	D	E	F
1		XXX公司各地区每月销售额（万元）				
2	月份	华北地区	华南地区	东北地区	西南地区	西北地区
3	1月	1002	1220	1105	1990	1875
4	2月	2003	2111	2054	1997	1940
5	3月	3004	3210	3100	2990	2880
6	4月	2102	2705	2604	2503	2402
7	5月	1973	1892	3457	2022	2587
8	6月	2324	2103	1882	1661	1440
9	7月	2012	2201	2390	2579	2768
10	8月	2755	2650	2545	2440	2335
11	9月	2910	2832	2745	2676	2798
12	10月	3100	2945	2790	2635	2380
13	11月	1989	2345	2719	2485	2149
14	12月	2378	2207	2036	1865	1649

图 3-8 各地区每月销售额

图 3-9 创建完成的三维饼图

（3）将创建完成的三维饼图更改为分离型饼图，如图 3-10 所示。

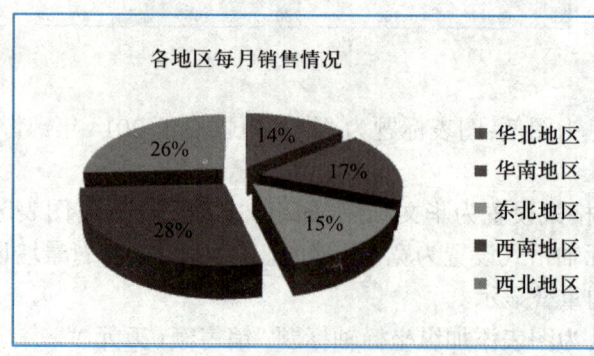

图 3-10 分离型饼图

【提示】打开"设置数据系列格式"对话框,适当选择"饼图分离程度"百分比。

3. 在工作簿中制作折线图

（1）根据工作簿 3-3-2.xlsx 中各地区每月销售额的数据,生成一个折线图,图表标题为"各地区每月销售情况",纵坐标轴标题为"销售额",横坐标轴标题为"月份",创建完成后的图表如图 3-11 所示。

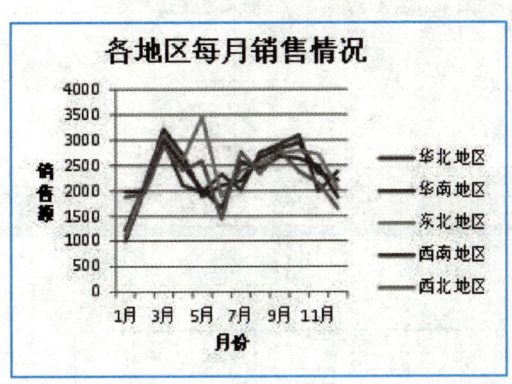

图 3-11　创建完成的折线图

（2）在"XXX 公司各地区每月销售额"工作表中的 G2 单元格添加"华中地区",并添加相应数据,如图 3-12 所示。

\multicolumn{7}{c}{XXX公司各地区每月销售额（万元）}
月份	华北地区	华南地区	东北地区	西南地区	西北地区	华中地区
1月	1002	1220	1105	1990	1875	1653
2月	2003	2111	2054	1997	1940	1830
3月	3004	3210	3100	2990	2880	2376
4月	2102	2705	2604	2503	2402	2321
5月	1973	1892	3457	2022	2587	1543
6月	2324	2103	1882	1661	1440	2208
7月	2012	2201	2390	2579	2768	2500
8月	2755	2650	2545	2440	2335	2600
9月	2910	2832	2745	2676	2798	2732
10月	3100	2945	2790	2635	2380	2400
11月	1989	2345	2719	2485	2149	1685
12月	2378	2207	2036	1865	1649	1900

图 3-12　添加数据系列

【提示】选定要添加数据系列的折线图,右击,在弹出的快捷菜单中选择"选择数据"命令,弹出"选择数据源"对话框,如图 3-13 所示,单击"添加"按钮,进行添加。

（3）图表更新完成后,保存该工作簿。

4. 图表的美化

创建图 3-14 所示的图表,以便将实际与计划进行比较。

（1）将学生素材文件夹下的 s3-3-3.xlsx 文件复制到学生个人文件夹下,并将其重命名为 3-3-3.xlsx。

（2）打开 3-3-3.xlsx 工作簿,"各地区销售量"工作表如图 3-15 所示,选取该工作表中的数据创建一个簇状柱形图。

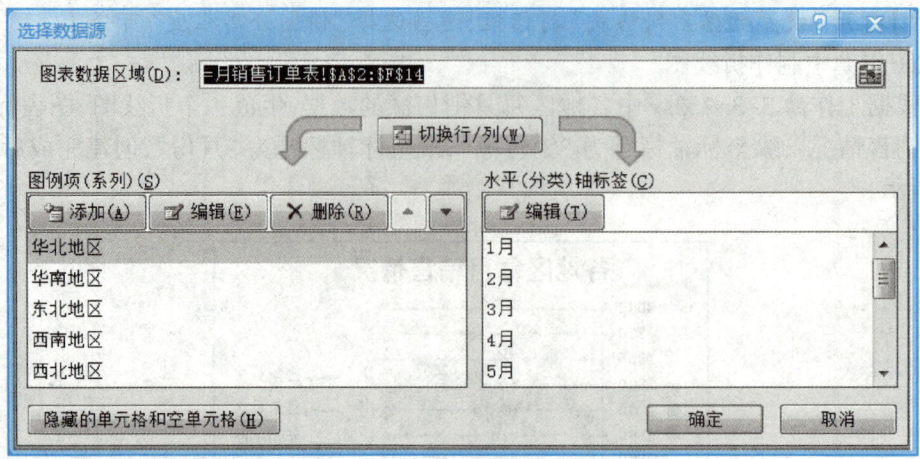

图 3-13 "选择数据源"对话框

素材:
s3-3-3.xlsx

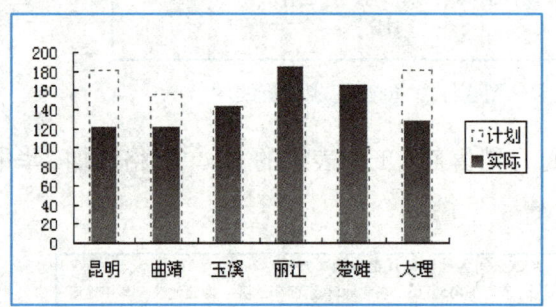

图 3-14 图表美化效果　　　　　　　　图 3-15 各地区销售量

(3) 按图要求对图表进行美化。
(4) 图表创建完成后,保存该工作簿。

3.4 数据库的建立与管理

一、实验目的

1. 掌握数据库表格的创建方法。
2. 掌握数据库表格的特殊格式设置方法。
3. 掌握数据库中数据的有效性设置方法。
4. 掌握数据库中数据的输入技巧。
5. 掌握数据库中公式和函数的使用方法。
6. 掌握数据库中数据的排序与筛选方法。

二、实验内容

1. 数据库工作表框架的建立。

2. 数据库表格格式设置。
3. 数据库中的有效性设置。
4. 输入数据。
5. 数据库中的数据计算。
6. 根据数据表进行排序操作。
7. 数据库中的筛选操作。

三、实验步骤

1. 数据库工作表框架的建立

（1）启动 Excel 2010，创建一个新工作簿，在打开的工作簿中双击 Sheet1 工作表，更名为"评定结果"。

（2）在 A1 单元格输入数据库标题"2006 级汉语言文学班 2008 年上学期成绩综合评定表"。

（3）在 A3：P3 单元格区域中依次输入各个字段名称（分别为学号、姓名、性别、名次、总分、写作、英语、逻辑、计算机、体育、法律、哲学、操行分、综合评定、综合名次、奖学金，共 16 个）。

（4）建立好的数据库格式框架如图 3-16 所示，以 3-3-4.xlsx 为名，将工作簿文件保存。

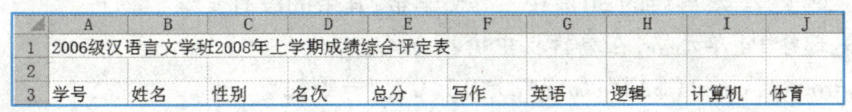

图 3-16　建立好的数据库格式框架

2. 数据库表格格式设置

（1）将标题合并为一个单元格且居中对齐，对字体格式进行设置（字号加大、粗体效果、颜色设为红色）。

（2）字段名称格式设置为粗体效果、浅颜色底纹、醒目颜色字体、字号适当加大，4 门考试课（写作、英语、逻辑、计算机）用黑体，3 门考查课（体育、法律、哲学）用楷体。

（3）选择所要进行条件格式化设置的单元格区域，进行条件格式化设置：将优秀成绩（85 分以上）单元格数字设置为蓝色粗体效果，不及格（低于 60 分）单元格数字设置为红色斜体效果。

（4）进行格式设置后的效果如图 3-17 所示。

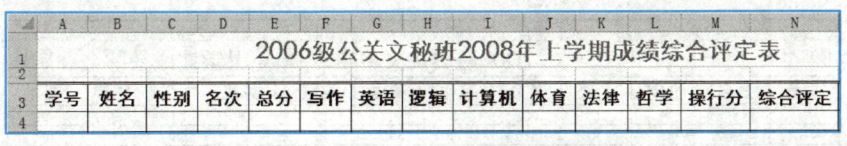

图 3-17　进行格式设置后的效果

3. 数据库中的有效性设置

（1）单击"数据"选项卡"数据有效性"按钮，在"数据有效性"对话框中进行有效性设置。各门课程对应字段的设置范围为 0~100，操行分设置范围为 0~30，性别设置范围为序列

"男,女"。

(2) 设置完成后,保存该工作簿。

4. 输入数据

> 素材:
> s3-3-4.pdf

(1) 根据学生素材文件夹下的 s3-3-4.pdf 进行数据录入。

(2) 数据输入可以采用两种方式进行:数据表直接输入和记录单输入。如果是逐个字段输入数据(一门一门成绩输入),可以采用数据表直接输入;如果是逐条记录输入数据(一个人一个人输入),最好采用记录单输入。

5. 数据库中的数据计算

(1) 用函数 sum( ) 计算总分。

(2) 用函数 rank( ) 排列总分的名次。

(3) 计算综合评定成绩:4门考试课成绩的平均分占60%,3门考查课成绩的平均分占20%,再加上操行分。

【提示】公式为

=average(F4:I4)*0.6+average(J4:L4)*0.2+M4

(4) 用函数 rank( ) 排列综合评定成绩的名次。

(5) 确定奖学金等级:全班学生按照综合评定成绩由高到低排列,前10%获一等奖学金,之后的20%获二等奖学金,再后的30%获三等奖学金,其余的没有奖学金。

【提示】先选择P4单元格,在编辑栏中输入公式:

=if(O4<=round(count($A$4:$A$47)*0.1,0),"一等",

if(O4<=round(count($A$4:$A$47)*0.3,0),"二等",

if(O4<=round(count($A$4:$A$47)*0.6,0),"三等","")))

然后按 Enter 键,即可得到第一个学生综合名次,最后拖动复制得到每个学生的综合名次。

6. 根据数据表进行排序操作

(1) 按照学习成绩总分排序。

(2) 按照综合评定成绩排序。

(3) 按照单科成绩排序。

(4) 按照班级学生名单的姓氏笔画排序。

7. 数据库中的筛选操作

(1) 自动筛选:筛选出英语成绩在80~90分(包括80,而不包括90)的学生记录,自动筛选结果如图 3-18 所示。

A	B	C	D	E	F	G	H	I	J	K	L
2006级公关文秘班2008年上学期成绩综合评定表											
学号	姓名	性别	名次	总分	写作	英语	逻辑	计算机	体育	法律	哲学
2	唐来云	男	5	603	88	87	78	80	73	98	99
6	马云燕	女	8	579	90	80	80	91	68	76	91
8	贾莉莉	女	29	535	70	80	80	93	73	84	55
12	王卓然	男	21	549	76	86	59	88	74	74	92
13	刘伟凡	男	17	564	69	84	71	99	82	71	88
17	董大海	男	27	537	69	87	80	73	69	87	72
19	应百银	男	30	533	73	81	88	81	73	81	56
20	伍健	男	28	536	77	85	89	62	77	85	61

图 3-18 自动筛选结果

（2）高级筛选。

① 筛选优秀学生：筛选出考试课各科成绩在 80 分以上并且考查课各科成绩在 75 分以上，或者综合名次在前 10 名的学生记录，优秀学生的筛选条件和筛选结果如图 3-19 所示。

条件区域								
写作	英语	逻辑	计算机	体育	法律	哲学	综合名次	
>=80	>=80	>=80	>=80	>=75	>=75	>=75		

2006级公关文秘班2008年上学								
学号	姓名	性别	名次	总分	写作	英语	逻辑	计算机
1	张成祥	男	3	633	89	93	84	97
2	唐来云	男	5	603	88	87	80	82
3	张雷	男	8	579	83	91	81	85
4	韩文琪	男	4	612	97	90	70	88
5	郑俊霞	女	14	569	91	99	82	80
6	马云燕	女	8	579	90	80	83	91
7	王晓燕	女	7	580	81	92	88	86

图 3-19　优秀学生的筛选条件和筛选结果

② 筛选不及格学生：筛选出各科成绩 60 分以下的学生记录，不及格学生的筛选条件和筛选结果如图 3-20 所示。

写作	英语	逻辑	计算机	体育	法律	哲学
<60						
	<60					
		<60				
			<60			
				<60		
					<60	
						<60

2006级公关文秘班2008年上学期成绩								
学号	姓名	性别	名次	总分	写作	英语	逻辑	计算机	体育
8	贾莉莉	女	23	391	70	80	58	99	84
10	马丽萍	女	40	345	79	69	83	55	59
12	王卓然	男	26	383	76	86	59	88	74
14	叶小丽	女	24	387	85	79	72	95	56
15	张超林	男	37	363	85	73	66	88	51

图 3-20　不及格学生的筛选条件和筛选结果

（3）操作完成后，保存该工作簿。

3.5　数据分类汇总与数据透视表

一、实验目的

1. 掌握数据库中的数据分类汇总方法。
2. 掌握数据库中的数据透视分析方法。

二、实验内容

1. 简单分类汇总操作。

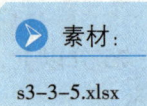
素材：
s3-3-5.xlsx

2. 多级分类汇总操作。
3. 把分类汇总结果复制出来。
4. 数据透视表操作。

三、实验步骤

1. 简单分类汇总操作

（1）将学生素材文件夹下的 s3-3-5.xlsx 文件复制到学生个人文件夹下，将其重命名为 3-3-5.xlsx，并打开该工作簿。

（2）用简单分类汇总统计每个销售员的销售量。

① 选定"销售明细表1"工作表，将数据清单按照"销售人员"字段进行排序。

② 排序后，单击"数据"选项卡"分类汇总"按钮，弹出"分类汇总"对话框，在"分类字段"列表中选择"销售人员"选项，在"汇总方式"列表中选择"求和"选项，在"选定汇总项"列表中选择"销售金额"选项。

③ 单击"确定"按钮，结果如图 3-21 所示。

1 2 3		A	B	C	D	E	F	G	H
	1	销售地区	销售人员	品名	数量	单价¥	销售金额¥	销售年份	销售季度
+	9		白露 汇总				503,400		
+	22		毕春艳 汇总				1,288,700		
+	36		高伟 汇总				1,200,900		
+	42		何庆 汇总				283,800		
+	49		李兵 汇总				444,700		
+	59		林茂 汇总				618,600		
+	68		苏珊 汇总				899,400		
+	75		杨光 汇总				705,000		
+	84		赵琦 汇总				831,400		
-	85		总计				6,775,900		

图 3-21 分类汇总结果（第二级）

2. 多级分类汇总操作

用多级分类汇总统计各个地区的各个销售员的销售量。

（1）选定"销售明细表2"工作表，在数据清单中，单击任意单元格，单击"数据"选项卡"排序"按钮，弹出"排序"对话框。

（2）在弹出的"排序"对话框中，分别在"主要关键字""次要关键字"框中选择"销售地区""销售人员"字段，单击"确定"按钮进行排序，如图 3-22 所示。

（3）排序后，单击"数据"选项卡"分类汇总"按钮，弹出"分类汇总"对话框，在"分类字段"列表中选择"销售地区"选项，在"汇总方式"列表中选择"求和"选项，在"选定汇总项"列表中选择"销售金额"选项，单击"确定"按钮，完成第一次分类汇总。

（4）单击"数据"选项卡"分类汇总"按钮，弹出"分类汇总"对话框，在"分类字段"列表中选择"销售人员"选项，在"汇总方式"列表中选择"求和"选项，在"选定汇总项"列表中选择"销售金额"选项，取消选中"替换当前分类汇总"复选框，单击"确定"按钮，完成第二次分类汇总。

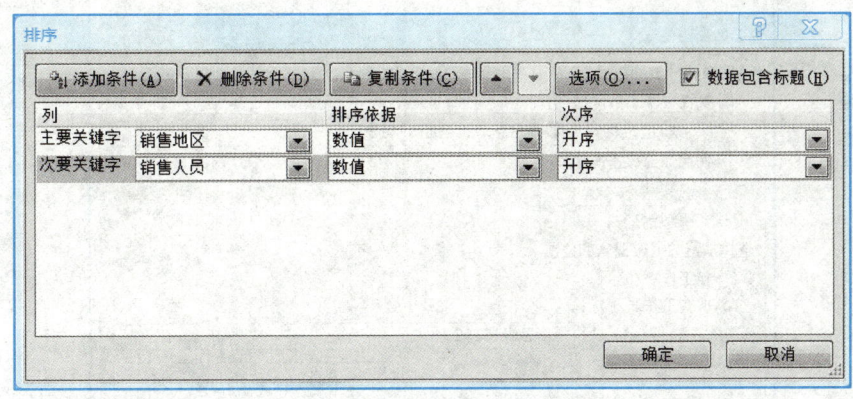

图 3-22 "排序"对话框

3. 把分类汇总结果复制出来

（1）选定需复制的数据区域，单击"开始"选项卡"查找和选择"组中的"定位"按钮，弹出"定位条件"对话框，选择"可见单元格"选项，单击"确定"按钮。

（2）执行复制、粘贴操作，结果如图 3-23 所示。

图 3-23 复制分类汇总结果

4. 数据透视表操作

（1）对"教师信息表"工作表建立名为"各学院各职称论文汇总"的数据透视表，如图 3-24 所示，要求按学院统计各类不同职称的论文篇数的平均值，表从上到下依次为各个学院，同一学院内由上至下依次为各类职称。

（2）创建数据透视表。

① 单击数据清单中的任意单元格，然后单击"插入"选项卡"数据透视表"按钮，将弹出"创建数据透视表"对话框，如图 3-25 所示。

② 单击"确定"按钮，数据透视表将置于现有工作表中，如图 3-26 所示。

（3）将如图 3-27 所示的"数据透视表字段列表"窗格中的"单位"字段拖动到"将行字段拖至此处"字样显示处；"职称"字段拖动至"将列字段拖至此处"字样显示处；将"篇数"字段拖动至"将值字段拖至此处"字样显示处。修改数据透视表的汇总方式，完成对数据透视表的创建，如图 3-28 所示。

图 3-24 职称论文汇总

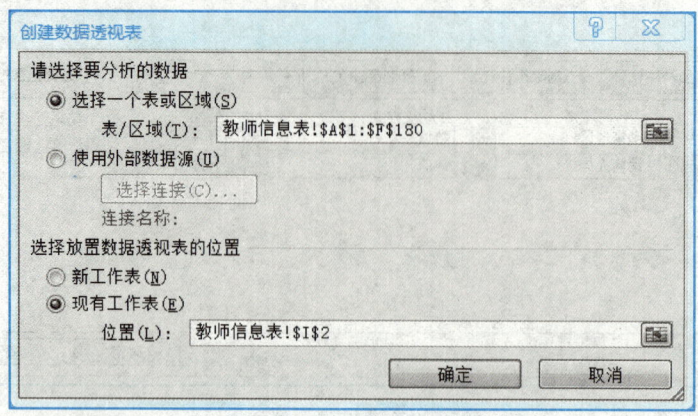

图 3-25 "创建数据透视表"对话框

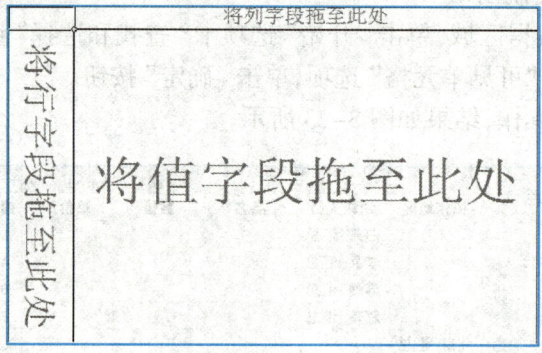

图 3-26 空数据透视表

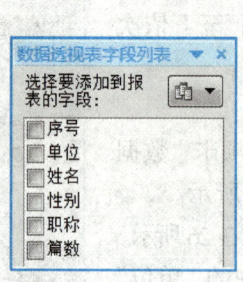

图 3-27 数据透视表字段列表

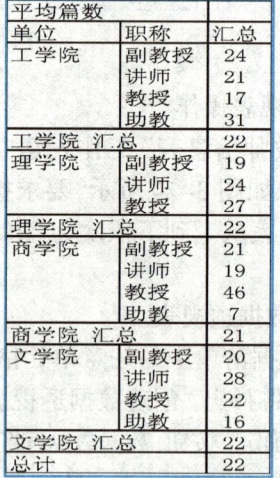

图 3-28 创建完的数据透视表

（4）设置透视表格式。单击"开始"选项卡"套用表格格式"按钮，选择一种事先预设好的样式，单击"确定"按钮。

（5）操作完成后，保存该工作簿。

第 4 章　PowerPoint 2010 演示文稿制作软件

4.1　创建并美化演示文稿

一、实验目的

1. 熟练掌握演示文稿中幻灯片的基本操作。
2. 掌握设置演示文稿的主题效果、幻灯片背景。
3. 掌握设置幻灯片母版的方法。

二、实验内容

1. 美化"南方大学欢迎您"演示文稿。
2. 设置幻灯片母版。

三、实验步骤

1. 美化"南方大学欢迎您"演示文稿

（1）打开 PowerPoint 2010，新建演示文稿 1，在幻灯片中输入如图 4-1 所示文本。

图 4-1　设置演示文稿的主题效果、幻灯片背景

（2）选择"设计"选项卡，在"主题"组下拉列表框中选择"内置"栏中的"时装设计"主题样式。

（3）继续在"设计"选项卡"背景"组单击"背景样式"按钮，在下拉列表框中选择"设置背景格式"选项，选择"渐变填充"效果，单击"预设颜色"按钮旁的箭头，在下拉列表框中选择"彩虹出岫"选项，单击"关闭"按钮。

（4）选择"视图"选项卡，在"母版视图"组中单击"幻灯片母版"按钮，如图 4-2 所示。

（5）在"幻灯片"窗格中选择幻灯片 1，在右侧幻灯片编辑区的"页脚"占位符中输入工作室名称"梦想工作室"。在"日期"占位符中单击鼠标定位,然后选择"插入"选项卡,在"文本"组中单击"日期和时间"按钮,选择日期格式插入日期,如图 4-3 所示。

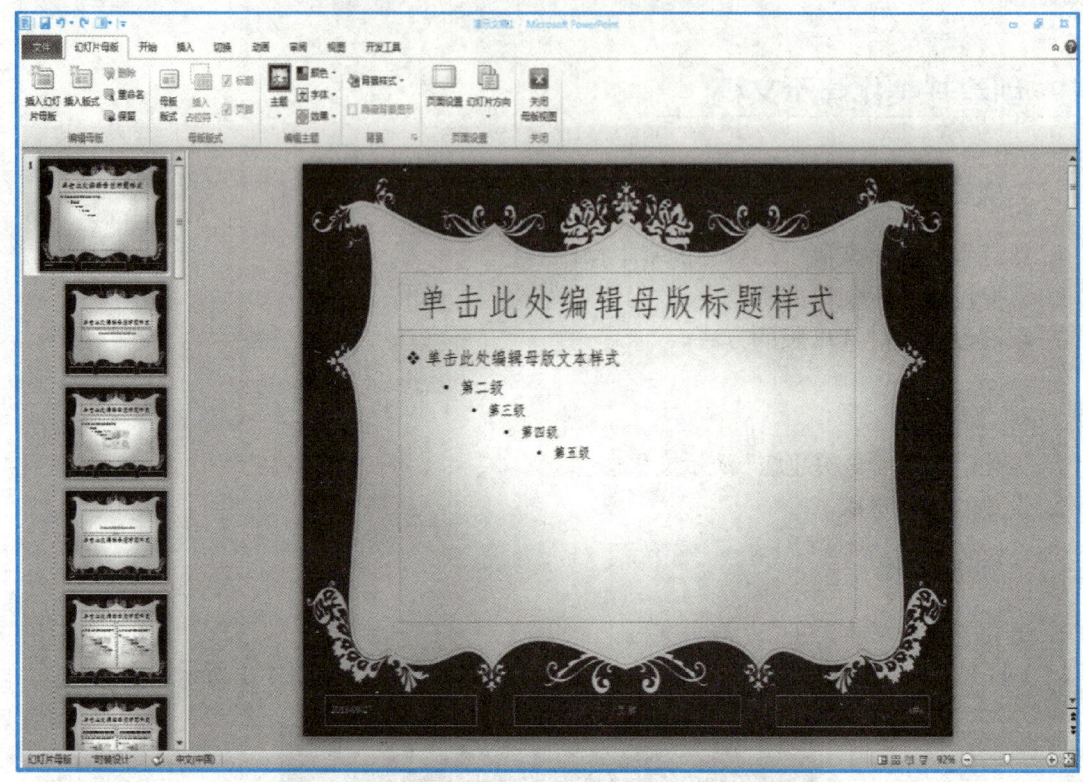

图 4-2　设置幻灯片母版

图 4-3　幻灯片母版的页脚和日期

2. 设置幻灯片母版

选择"幻灯片母版"选项卡,在"关闭"组中单击"关闭母版视图"按钮,退出母版编辑状态,保存演示文稿为"校园简介 .pptx"。

4.2　在幻灯片中插入各种对象

一、实验目的

1. 掌握在幻灯片中插入表格、图片和剪贴画的方法。
2. 掌握在幻灯片中插入 SmartArt 图形的方法。

3. 掌握在幻灯片中插入 Excel 图表的方法。
4. 掌握在幻灯片中插入音频、视频的方法。

二、实验内容

1. 在幻灯片中插入表格显示开学典礼人员安排。
2. 在幻灯片中插入 SmartArt 图形展示开学典礼流程。
3. 在幻灯片中插入图片、剪贴画、艺术字体现开学典礼时间和地点。
4. 在幻灯片中插入 Excel 图表形象显示招生数据。
5. 在幻灯片中插入音频、视频使演示文稿更生动。

三、实验步骤

1. 在幻灯片中插入表格显示开学典礼人员安排

（1）打开"校园简介.pptx"演示文稿，单击"开始"选项卡中的"新建幻灯片"按钮，选择"标题和内容"版式，单击占位符中的"插入表格"按钮，打开"插入表格"对话框，设置列数为 3、行数为 4。

（2）调整表格大小和位置，在单元格中输入表格内容，选中整个表格，选择"表格工具"/"布局"选项卡，单击"垂直居中"按钮，选择"开始"选项卡，单击"居中"按钮，如图 4-4 所示。

图 4-4　输入表格内容

2. 在幻灯片中插入 SmartArt 图形展示开学典礼流程

（1）单击"新建幻灯片"按钮，选择"标题和内容"版式，单击占位符中的"插入 SmartArt"按钮，打开"选择 SmartArt 图形"对话框，选择"流程"选项，单击"步骤下移流程"图形。

（2）依次在 SmartArt 各项目中输入文本内容，如图 4-5 所示。

3. 在幻灯片中插入图片、剪贴画、艺术字体现开学典礼时间和地点

单击"新建幻灯片"按钮，选择"内容与标题"版式，单击占位符中的"插入来自文件的图片"按钮，插入"开学典礼图片.png"，旋转图片、调整大小，选择"插入"选项卡，在"图像"组中单击"剪贴画"按钮，单击"搜索"按钮，右击图片和剪贴画，在弹出的快捷菜单中选择"置于底层"命令，效果如图 4-6 所示。

素材：

开学典礼.png

4. 在幻灯片中插入 Excel 图表形象显示招生数据

（1）在新建的幻灯片中选择"插入"选项卡，在"插图"组中单击"图表"按钮，或者单击

"新建幻灯片"按钮,选择"标题和内容"版式,单击占位符中的"插入图表"按钮,打开"插入图表"对话框,选择图表类型"簇状柱形图",然后将自动打开 Excel 2010,输入数据,如图 4-7 所示,并拖曳选择图表的数据区域,此时 PowerPoint 中将显示对应的图表,如图 4-8 所示。

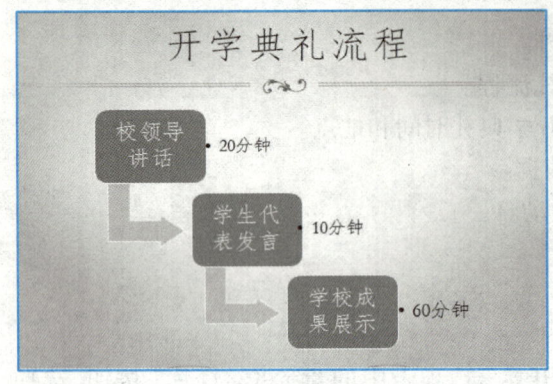

图 4-5　插入 SmartArt 图形

图 4-6　插入图片、剪贴画、艺术字

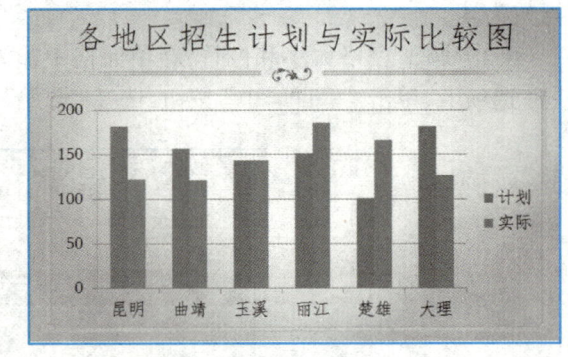

图 4-8　图表效果

图 4-7　输入 Excel 数据

（2）选择"图表工具"功能区的"设计""布局""格式"选项卡,可调整图表。

5. 在幻灯片中插入音频、视频使演示文稿更生动

> 素材:
> 铃儿响叮当.mp3
> 软件园.wmv

（1）切换到需插入声音的第一张幻灯片,选择"插入"选项卡,单击"音频"按钮,单击"文件中的音频"按钮,插入素材"铃儿响叮当.mp3",选择"音频工具"/"播放"选项卡,设置开始为"自动"。

（2）选择"动画"选项卡,打开"动画窗格",在"效果选项"中设置开始播放为从头开始,停止播放为在第 6 张幻灯片后,使音乐贯穿在整个演示文稿中播放。

（3）在最后一张幻灯片之后新建一张空白幻灯片,选择"插入"选项卡,单击"视频"按钮,单击"文件中的视频"按钮,插入素材"软件园.wmv",调整视频窗口,选择"视频工具"/"播放"选项卡,设置开始为自动,插入横排文本框,输入如图 4-9 所示文字。

（4）保存演示文稿。

图 4-9　插入视频

4.3　设置幻灯片切换方式和动画效果

一、实验目的

1. 掌握设置幻灯片切换方式的方法。
2. 掌握设置幻灯片动画效果的方法。

二、实验内容

1. 设置"校园简介.pptx"演示文稿的幻灯片切换方式。
2. 制作"太阳升"动画。

三、实验步骤

1. 设置"校园简介.pptx"演示文稿的幻灯片切换方式

打开"校园简介.pptx"演示文稿,选择第一张幻灯片,选择"切换"选项卡,单击"棋盘"方式,切换声音为"风铃",持续时间为"4秒",单击"全部应用"按钮,设置自动换片时间为"1秒",选择"幻灯片放映"选项卡,单击"从头开始"按钮,观看切换效果,保存演示文稿。

2. 制作"太阳升"动画

（1）选择"文件"选项卡中的"新建"选项,单击"空白演示文稿"选项,单击"创建"按钮创建一个新的演示文稿。

（2）删除占位符文本框,在幻灯片中插入"椭圆"形状绘制一个红色的圆。

（3）为该圆设置两个动作:选中这个圆,选择"动画"选项卡,在"进入"效果中选择"飞入"选项,设置开始为"上一动画之后",持续时间为"1.5秒",单击"添加动画"按钮,选择"退出"效果中的"随机线条"选项,设置开始为"上一动画之后",持续时间为"1.5秒"。

（4）复制粘贴这个圆,使幻灯片上有3个圆,打开"动画窗格",可看到3个圆共6个动作。

（5）分别插入"太""阳""升"3个艺术字,再分别拖动到3个圆上,如图4-10所示。设置3个艺术字的"进入"动画效果,开始均设置为"上一动画之后",持续时间均为"2.5秒"。

图 4-10 "太阳升"动画

（6）如图 4-11 所示，选中需要调整顺序的动作，在"动画窗格"中单击"重新排序"箭头调整顺序，使播放效果为第一个太阳升起并消失，"太"字进入，第二个太阳升起并消失，"阳"字进入，第三个太阳升起并消失，"升"字进入。

（7）在幻灯片上插入十字星形状，复制若干个，设置每个十字星的"进入"和"动作路径"，使播放效果为"升"字进入后，十字星进入并按动作路径运动，如图 4-12 所示。

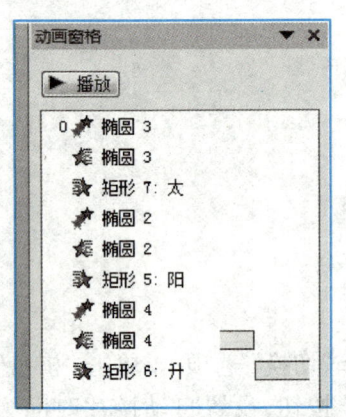

图 4-11 "太阳升"动画调整动作顺序

图 4-12 十字星动作路径

（8）保存演示文稿为"太阳升.pptx"，再另存为 PowerPoint 放映文件"太阳升.ppsx"。

4.4 演示文稿的制作过程

一、实验目的

利用所学的 PowerPoint 知识点，综合运用、融会贯通到一个完整主题的演示文稿中。

二、实验内容

利用 PowerPoint 制作一个演示文稿，内容为自定义健康主题或者学院的简介（可包括学院建立历史、院系组织、发展情况等内容),可适当虚构,要求内容积极、健康,幻灯片数不少于 6 张。

三、实验步骤

(1)利用建立的演示文稿设置幻灯片母版。
(2)设置幻灯片的文本格式、主题、背景。
(3)插入艺术字、自选图形、与主题内容相关的图片、表格、SmartArt 图形、Excel 图表等。
(4)插入声音、视频和动画。
(5)给幻灯片中的文本和图形设置动作和超链接。
(6)更改超链接文字的颜色。
(7)给幻灯片设置自定义动画效果。
(8)设置幻灯片的切换方式。
(9)设置幻灯片播放类型和方式。
(10)播放时间可由排练计时设置。
(11)保存并打包演示文稿。

第 5 章　计算机网络与 Internet 应用

5.1　局域网的网络配置和资源共享

一、实验目的

1. 掌握计算机网络配置方法。
2. 了解测试连通性的方法。
3. 掌握共享文件夹的设置方法。
4. 掌握远程桌面的使用方法。

二、实验内容

1. 查看计算机网络配置信息。
2. 查看"本地连接"属性信息。
3. 查看与配置"Internet 协议版本 4（TCP/IPv4）"属性信息。
4. 查看与配置计算机名和工作组名。
5. 使用 ping 命令测试连通性。
6. 设置共享文件夹实现资源共享。
7. 映射网络驱动器。
8. 使用远程桌面。
9. 查看计算机上的共享对象的信息。

三、实验步骤

1. 查看计算机网络配置信息

在"命令提示符"窗口下使用"ipconfig/all"命令查看所使用的计算机的网卡物理地址、IP 地址、子网掩码、默认网关，将结果填写在表 5-1 中。

表 5-1　计算机网络配置信息

网卡物理地址	IP 地址	子网掩码	默认网关

【提示】单击"开始"→"所有程序"→"附件"→"命令提示符"命令。

2. 查看"本地连接"属性信息

右击桌面上的"网络"图标，在弹出的快捷菜单中选择"属性"命令，在打开的窗口中左侧单击"更改适配器设置"链接，在打开的窗口中右击"本地连接"图标，在弹出的快捷菜单中选择"属性"命令，弹出如图 5-1 所示"本地连接 属性"对话框。在该对话框的"此连接使用下列项目"列表框内需要列出"Microsoft 网络客户端""Microsoft 网络的文件和打印机共享"和"Internet 协议版本 4（TCP/IPv4）"3 个组件，若缺少某个组件，可以单击"安装"按钮安装所需组件。

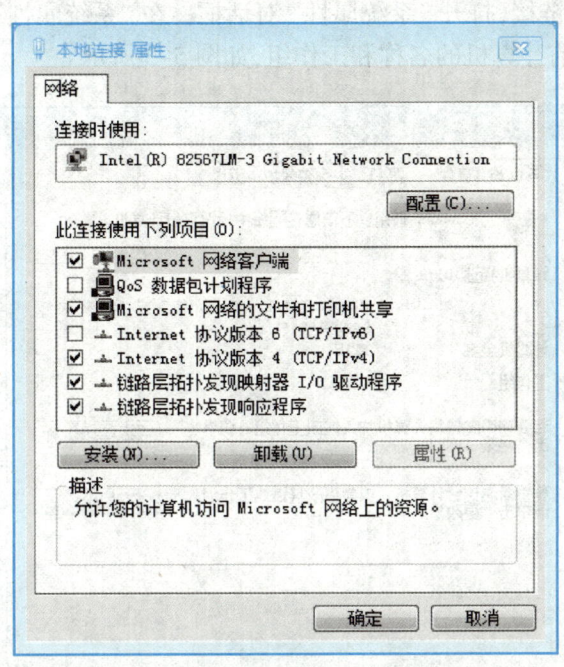

图 5-1 "本地连接 属性"对话框

3. 查看与配置"Internet 协议版本 4（TCP/IPv4）"属性信息

选择"Internet 协议版本 4（TCP/IPv4）"选项，单击"属性"按钮，弹出如图 5-2 所示的"Internet 协议版本 4（TCP/IPv4）属性"对话框，在该对话框下可以查看和设置本机的 IP 地址等内容。

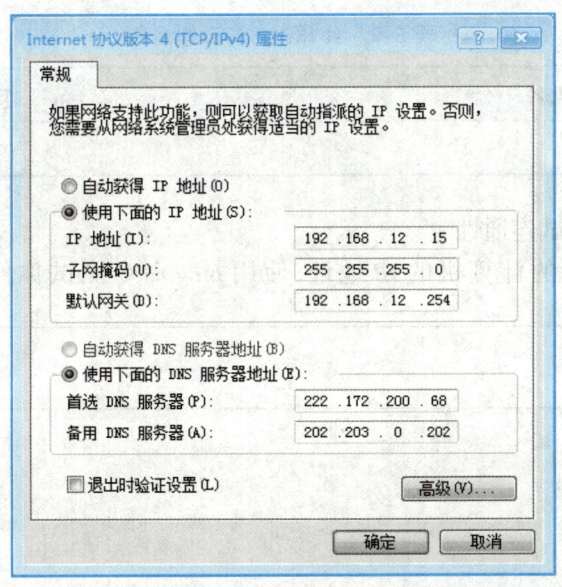

图 5-2 "Internet 协议版本 4（TCP/IPv4）属性"对话框

4. 查看与配置计算机名和工作组名

右击桌面上的"计算机"图标,在弹出的快捷菜单中单击"属性"命令,在打开的窗口中单击左侧"高级系统设置"链接,打开"系统属性"对话框。在"系统属性"对话框中单击"计算机名"选项卡,可以查看当前计算机的名称和工作组,如图 5-3 所示。

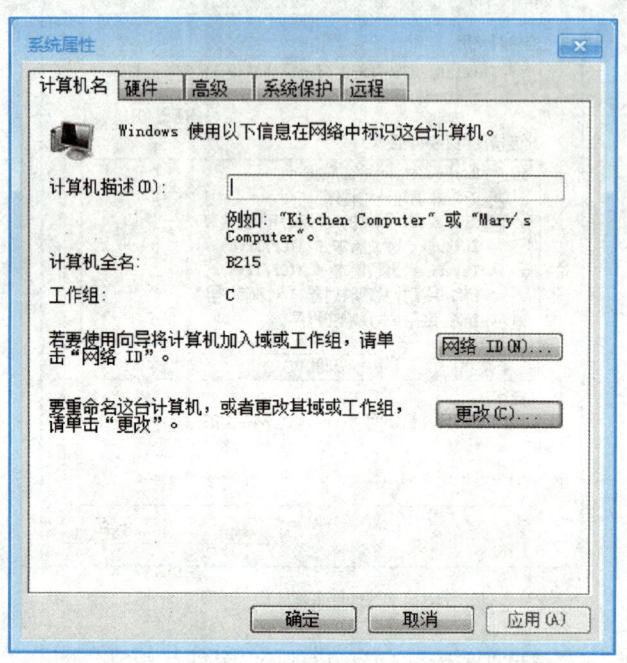

图 5-3 "系统属性"对话框

观看结果并填写表 5-2。

表 5-2 计算机名和工作组名

计算机名	工作组名

5. 使用 ping 命令测试连通性

查看自己身旁同学的计算机的 IP 地址,使用 ping 命令测试你们两台计算机之间是否连通。使用的命令是 _____。

命令运行后的结果是

6. 设置共享文件夹实现资源共享

在 D: 盘根目录上建立一个名为自己姓名的文件夹,并复制一个图片文件、一个 Word 文档、一个文本文件到所建立的文件夹内。设置该文件夹为共享,文件夹中的文件能被网络中所有用户访问,并允许其他用户增加、更改或删除其中的内容。用身旁同学的计算机访问该共享文件夹,也可以访问同学的共享文件夹。

7. 映射网络驱动器

将同学计算机上的共享文件夹映射成网络驱动器,驱动器号设置为"Z:"。

8. 使用远程桌面

（1）在同学的计算机上设置允许远程连接。

（2）在自己的计算机上通过"远程桌面连接"工具连接对方,并控制对方的计算机。

9. 查看计算机上的共享对象的信息

右击桌面上"计算机"图标,在弹出的快捷菜单中选择"管理"命令,打开"计算机管理"窗口,查看自己所使用的计算机上的共享对象的信息。展开"系统工具"选项卡下的"共享文件夹"选项,会出现"共享""会话"和"打开文件"3个图标,如图5-4所示。

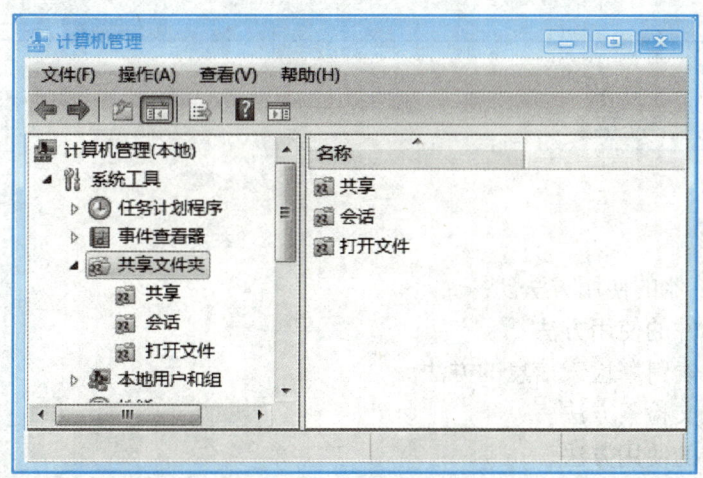

图 5-4 "计算机管理"窗口

（1）单击"共享"图标,填写表 5-3。

表 5-3 共 享 对 象

共享名	文件夹路径	客户端连接

（2）单击"会话"图标,填写表 5-4。

（3）单击"打开文件"图标,填写表 5-5。

表 5-4 会 话 信 息

用户	计算机	打开文件

表 5-5 打 开 文 件

打开文件	访问者	打开模式

5.2 信息浏览和检索

一、实验目的

1. 掌握 IE 浏览器的使用方法。
2. 掌握电子邮件的使用方法。
3. 掌握利用搜索引擎检索信息的方法。
4. 掌握期刊论文检索方法。
5. 熟悉云存储的使用方法。

二、实验内容

1. IE 浏览器的使用。
2. 电子邮件的使用。
3. 信息检索。
4. 出行路线设计。
5. 期刊论文检索。
6. 云存储的使用。

三、实验步骤

1. IE 浏览器的使用
（1）访问新浪网主页。

（2）单击"导航"超链接，打开导航网页，将网页存储为 MHT 格式文件。
（3）单击"体育"超链接，将体育网页添加到收藏夹。
（4）将百度设置为浏览器的主页。
（5）删除浏览器历史记录。

2. 电子邮件的使用

很多大型网站提供大空间的免费电子邮件服务，如腾讯、网易、新浪、搜狐。

邮箱地址的格式：用户名 @ 邮件服务器域名。

例如：username@qq.com。

下面以 QQ 邮箱为例介绍电子邮件的常用功能。

（1）登录或注册 QQ 邮箱。
（2）接收邮箱中的电子邮件，对邮件进行阅读、回复和删除。
（3）向同学发送一封电子邮件，主题为"最近好吗"。邮件内容中写几段话，描述自己的学习生活近况。附件为"校园照片.jpg"，附件内容请自己下载添加，参考界面如图 5-5 所示。

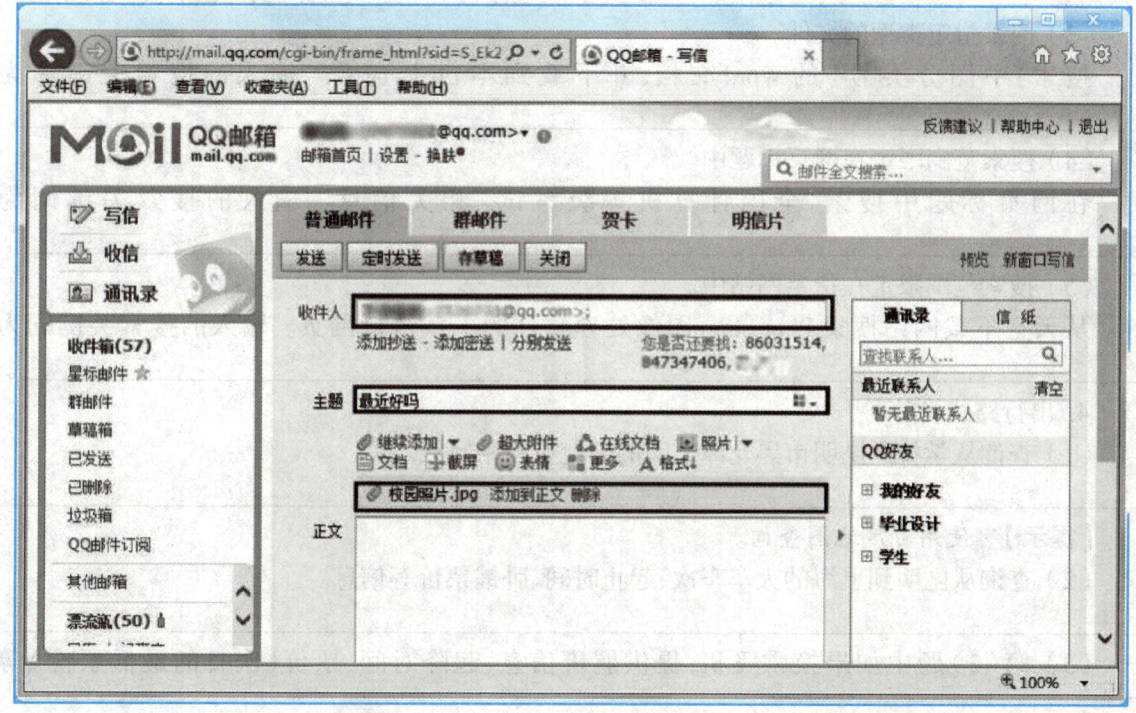

图 5-5　发送电子邮件

3. 信息检索

使用百度搜索引擎完成下列搜索。

（1）根据网站名称搜索网址，并记录在表 5-6 中。

表 5-6 搜索网址

网站名称	URL 地址
中国教育和科研计算机网	
中国研究生招生信息网	
全国计算机等级考试官网	
清华大学	
昆明理工大学	
昆明学院××院系（你所在的院系）	

（2）搜索结果中删除指定关键词。

搜索《三国演义》小说方面的网页，但不显示电视剧方面的网页信息。输入的搜索关键词为_____。

（3）搜索指定类型的文件。

搜索"中图分类号"的 Word 文档，并下载到本机上查看。输入的搜索关键词为_____。

（4）搜索范围限定在网页标题中。

在网页标题中搜索"全国计算机等级考试"相关信息。输入的搜索关键词为_____。

（5）搜索范围限定在指定网站中。

从天空下载网站搜索 Photoshop 图像处理软件的下载链接网页。输入的搜索关键词为_____。

4. 出行路线设计

（1）查询从学校到昆明市黑龙潭公园的公交及换乘路线。

_____

【提示】可使用百度地图查询。

（2）查询从昆明到上海的火车车次、起止时间、卧铺票价等信息。

_____

（3）第（2）题中如果换乘飞机，提供航班信息、起降时间、票价（次日的最低票价）等信息。

_____

（4）如果某同学的家位于河北省石家庄市石门小区，请为他规划从昆明回家的线路。

_____

5. 期刊论文检索

从校园网登录，使用 CNKI（中国知网全文数据库）检索期刊论文。

（1）检索篇名中有关键字"人工智能"的论文，按发表时间升序排序。

（2）检索2019年昆明学院学报论文。

【提示】先设置刊名为《昆明学院学报》，再设置发表年度为"2019"。

（3）检索云南大学的博硕士论文。

（4）检索杨义先撰写的关于网络安全的论文。

【提示】先检索作者为"杨义先"的论文，再设置篇名中关键字为"网络安全"，最后单击"结果中检索"链接，参考检索结果如图5-6所示。

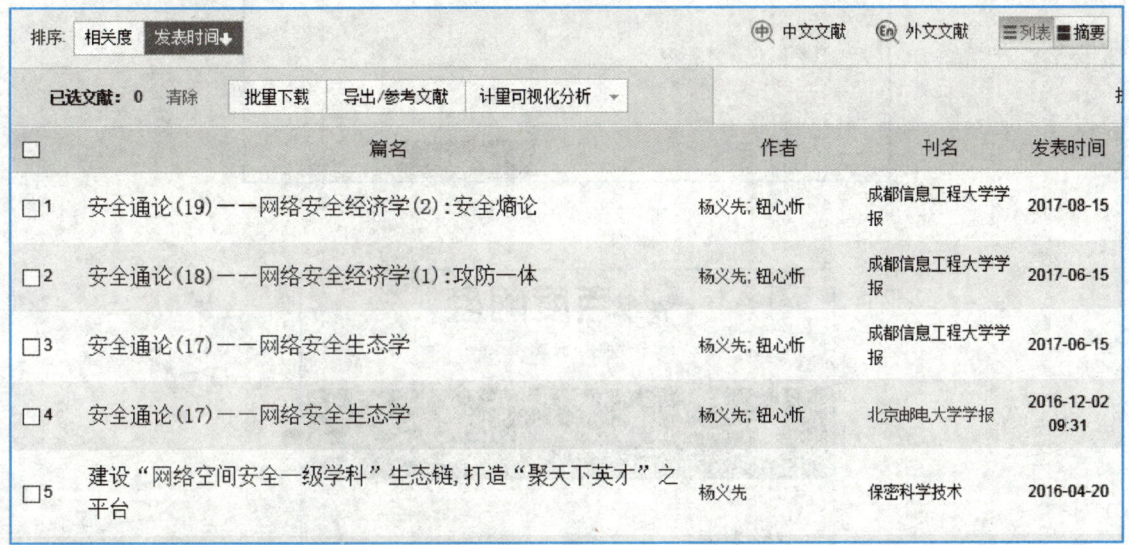

图5-6 检索结果

（5）检索《计算机学报》期刊中含有"神经网络"关键词的论文。记录下载量最多的论文的篇名和作者。

下载该论文的CAJ格式到本机上，并用阅读器打开观看。

6. 云存储的使用

使用百度网盘熟悉云存储平台的功能。

（1）登录百度网盘，如没有账号，注册一个新的账号。

（2）上传一张图片到网盘。

（3）新建"学习资料"文件夹。

（4）将实验报告上传到"学习资料"文件夹中。

（5）将实验报告下载到桌面。

（6）将实验报告加密分享，参考界面如图5-7所示，并把链接和提取码记录下来。

可以将链接通过QQ等方式发送给自己的好友，他们在浏览器中打开链接，输入提取码，就能提取该文件了，如图5-8所示。

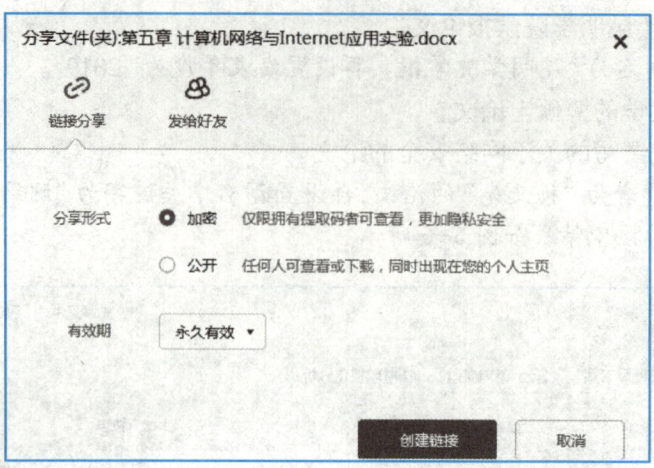

图 5-7　分享文件

图 5-8　提取文件

第 6 章 Photoshop CS 图像处理软件

6.1 熟悉 Photoshop CS 工作环境

一、实验目的

1. 熟悉 Photoshop CS 工作环境,掌握常用的基本操作。
2. 了解数字图像的基础知识,理解数字图像的颜色模式和文件格式。

二、实验内容

1. 制作一个基于 RGB 模式的色彩模型。
2. 保存图像文件为 PSD、BMP、JPEG 及 TIFF 等格式。
3. 改变图像大小。
4. 对图像画布进行旋转与翻转。

三、实验步骤

1. 制作一个基于 RGB 模式的色彩模型

(1) 启动 Photoshop CS,按 Ctrl+N 组合键,新建一个文件。设定宽度为 800 像素,高度为 600 像素,分辨率为 72 像素/英寸,颜色模式为 RGB 颜色/8 位,背景内容为白色,单击"确定"按钮,如图 6-1 所示。

(2) 按 Ctrl+Shift+N 组合键,新建"图层 1",在弹出的"新建图层"对话框中进行设置,如图 6-2 所示,单击"确定"按钮。

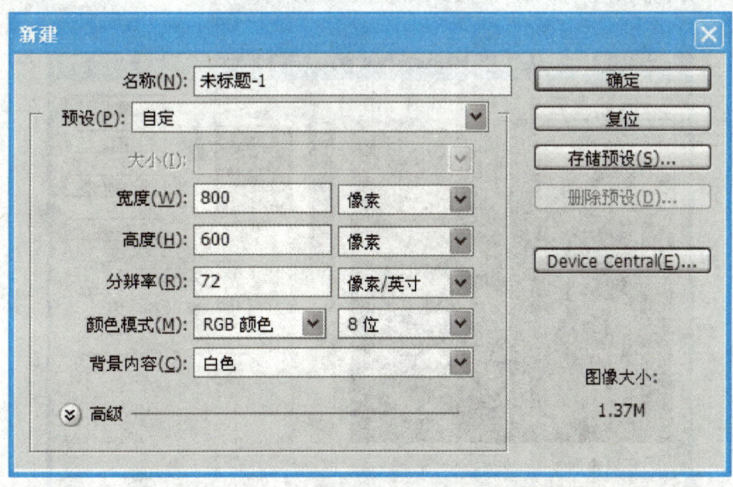

图 6-1 "新建"对话框

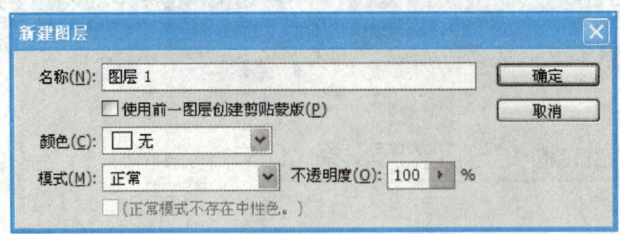

图 6-2 "新建图层"对话框

（3）在工具箱中单击"框选工具"按钮 ，选择"椭圆选框工具"选项，如图 6-3 所示。按住 Shift 键（提示：按住 Shift 键可画出正圆形），在"图层 1"拖动鼠标，画出大小适当的圆形选择区域，如图 6-4 所示。

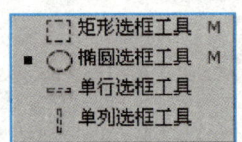

图 6-3 椭圆选框工具

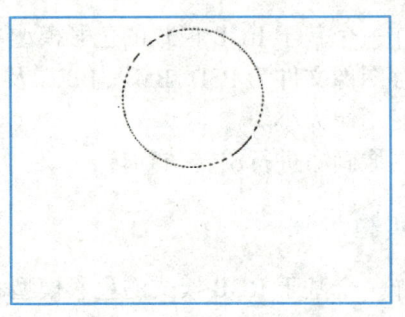

图 6-4 圆形选择区域

（4）单击工具箱中的"设置前景色和背景色"按钮 ，弹出"拾色器（前景色）"对话框，设置前景色 R 为 255（即红色），如图 6-5 所示。

（5）使用工具箱"油漆桶工具" ，将第（3）步中的圆形选择区域填充为红色，并设置图层"不透明度"为 70%，如图 6-6 所示，效果如图 6-7 所示。

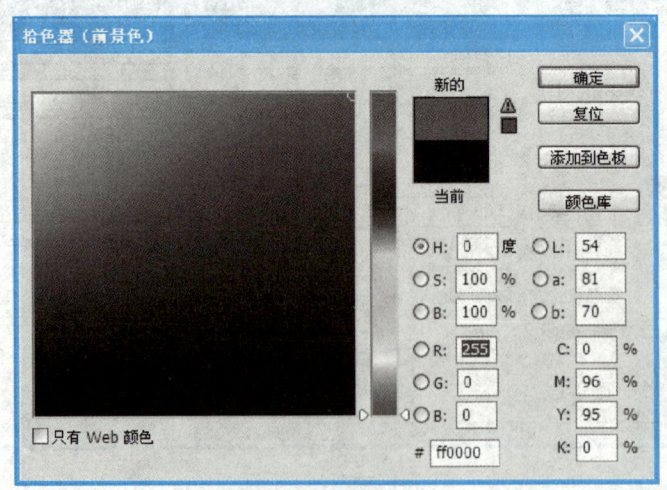

图 6-5 "拾色器（前景色）"对话框

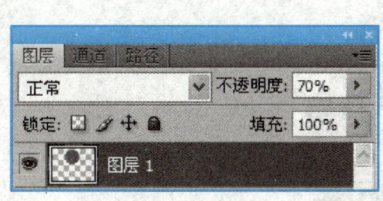

图 6-6 "图层"面板

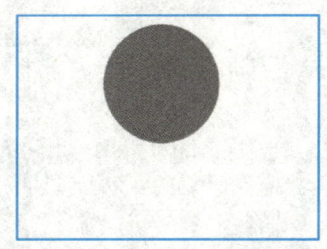

图 6-7 填充圆形选择区域

（6）按照（2）~（5）步的方法，新建"图层 2"和"图层 3"，分别在其中绘制绿色（G 为 255）、蓝色（B 为 255）的圆形图像。使用工具箱"移动工具" ，将各图层图形放置于适当位置。效果如图 6-8 所示。

（7）单击"图层"→"隐藏图层"命令隐藏白色的背景层，选择"合并可见图层"命令合并图层 1~ 图层 3。

（8）使用工具箱"魔术棒工具" ，分别选取不同颜色区域（提示：使用魔术棒工具选取颜色区域过程中，若出现无法选取单独色块的情况，可尝试设置"容差"为适当的值，如图 6-9 所示），分别填充合适的颜色（RGB 色彩模型可参照图 6-10 及表 6-1）。

图 6-8 3 个图层设置效果

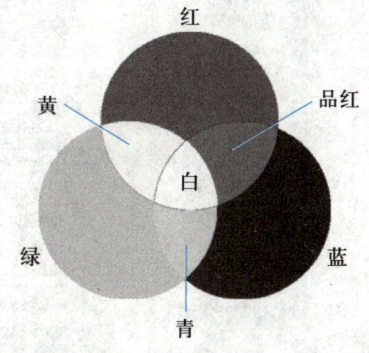

图 6-10 RGB 色彩模型

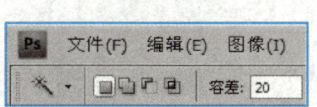

图 6-9 设置容差

表 6-1 RGB 色彩模型

R+G+B	白色	R+G	黄色
R+B	品红	B+G	青色

最终效果如图 6-11 所示。

2. 保存图像文件为 PSD、BMP、JPEG 及 TIFF 等格式

（1）单击"文件"→"存储"命令，在打开的"存储为"对话框中将文件保存为"RGB 模型 .psd"，如图 6-12 所示。

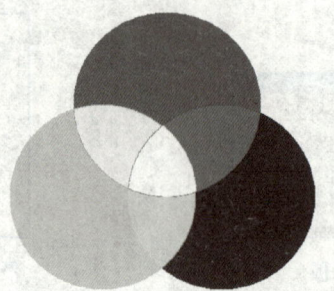

图 6-11　最终效果

图 6-12　"存储为"对话框

（2）单击"文件"→"存储为"命令，将已保存的 RGB 色彩模型文件分别保存为 BMP、JPEG 及 TIFF 格式文件。如图 6-13 所示为将文件保存为 JPEG 格式文件。

3. 改变图像大小

单击"图像"→"图像大小"命令，弹出"图像大小"对话框，设置图像大小为 1 024 像素 ×768 像素，如图 6-14 所示。

4. 对图像画布进行旋转与翻转

（1）单击"图像"→"图像旋转"→"180 度"命令，旋转效果如图 6-15 所示。

（2）单击"图像"→"图像旋转"→"水平翻转画布"命令，翻转效果如图 6-16 所示。

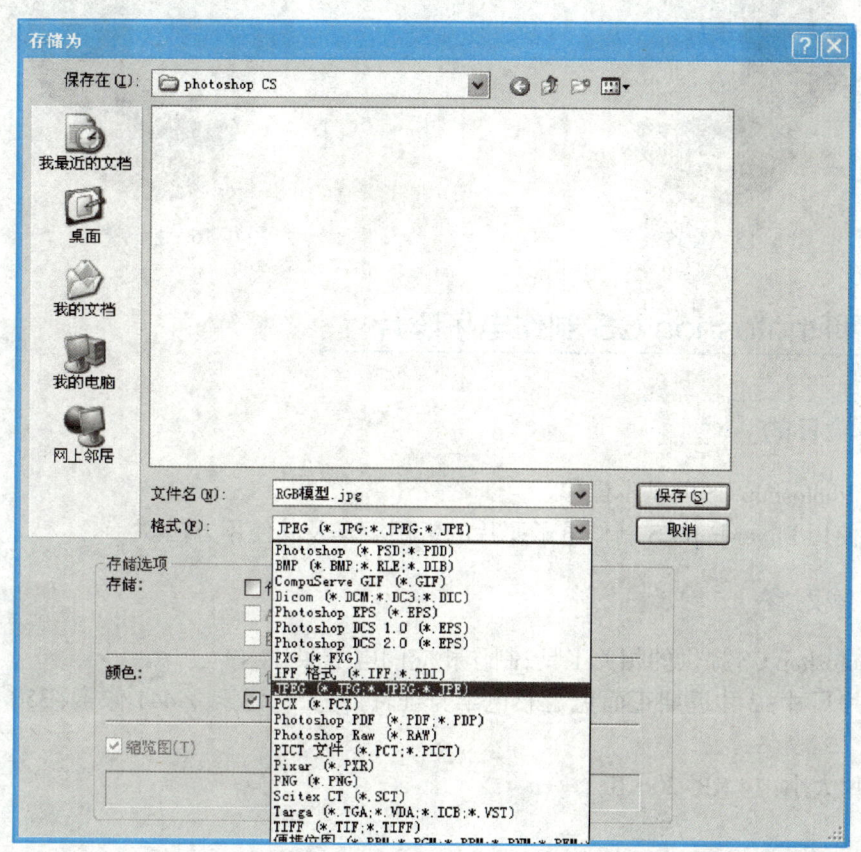

图 6-13 "格式"下拉列表框

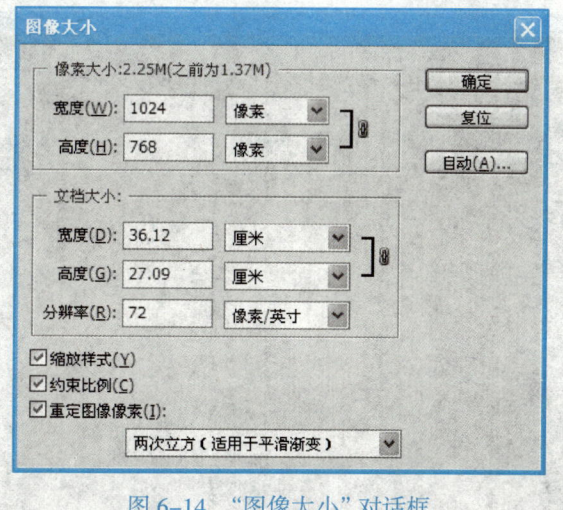

图 6-14 "图像大小"对话框

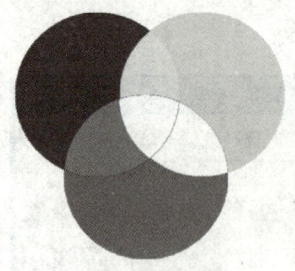

图 6-15 旋转效果

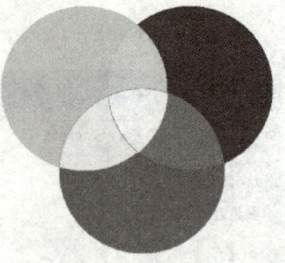

图 6-16 翻转效果

6.2 使用 Photoshop CS 制作电子照片

一、实验目的

1. 熟悉 Photoshop CS 的基本操作。
2. 掌握使用 Photoshop CS 制作电子照片的常用工具及其使用方法。

二、实验内容

运用 Photoshop CS 提供的相关工具，制作相应的电子照片。

（1）照片尺寸：2 寸近期正面免冠彩色半身证件照；358 像素 ×441 像素，350 dpi 分辨率，JPG 格式。

（2）照片大小：14 KB~20 KB。

三、实验步骤

（1）用 Photoshop CS 打开一张 2 英寸照片，如图 6-17 所示。

素材：
照片

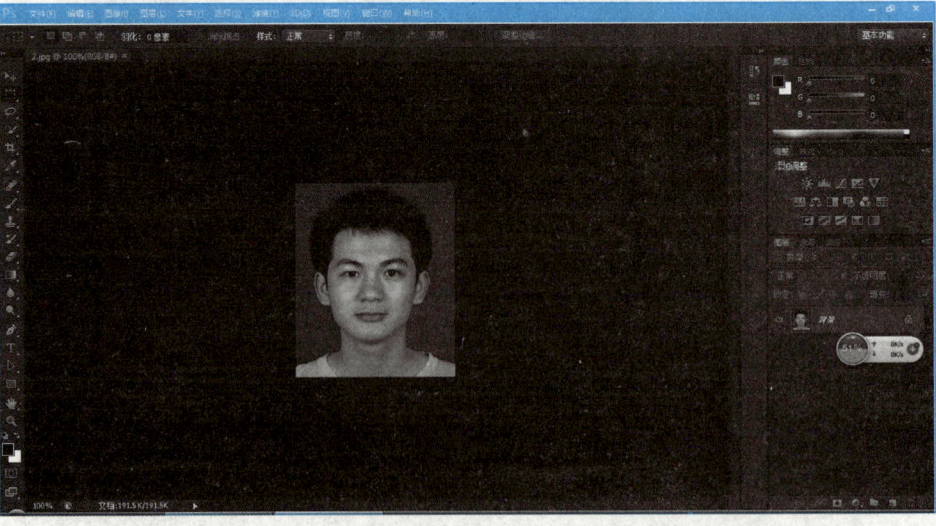

图 6-17　2 寸照片

（2）单击"图像"→"图像大小"命令，先改分辨率为 350 dpi，然后修改宽度为 358 像素、高度为 441 像素，如图 6-18 所示。

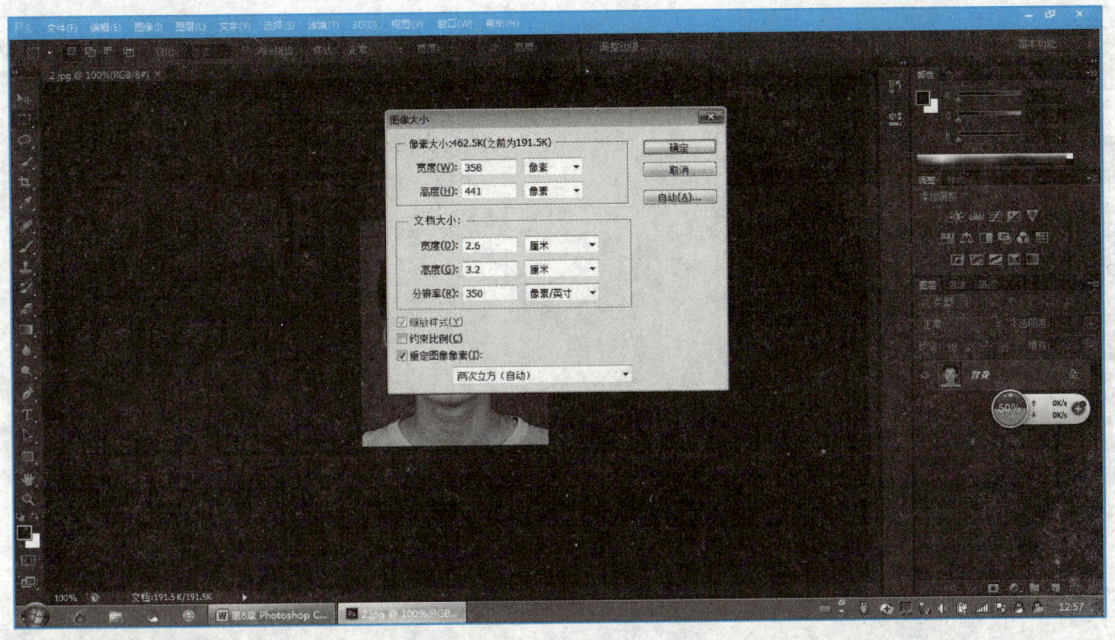

图 6-18 "图像大小"对话框

（3）单击"文件"→"存储"命令，在打开的对话框中单击"确定"按钮，存为 JPG 格式，如图 6-19 所示。

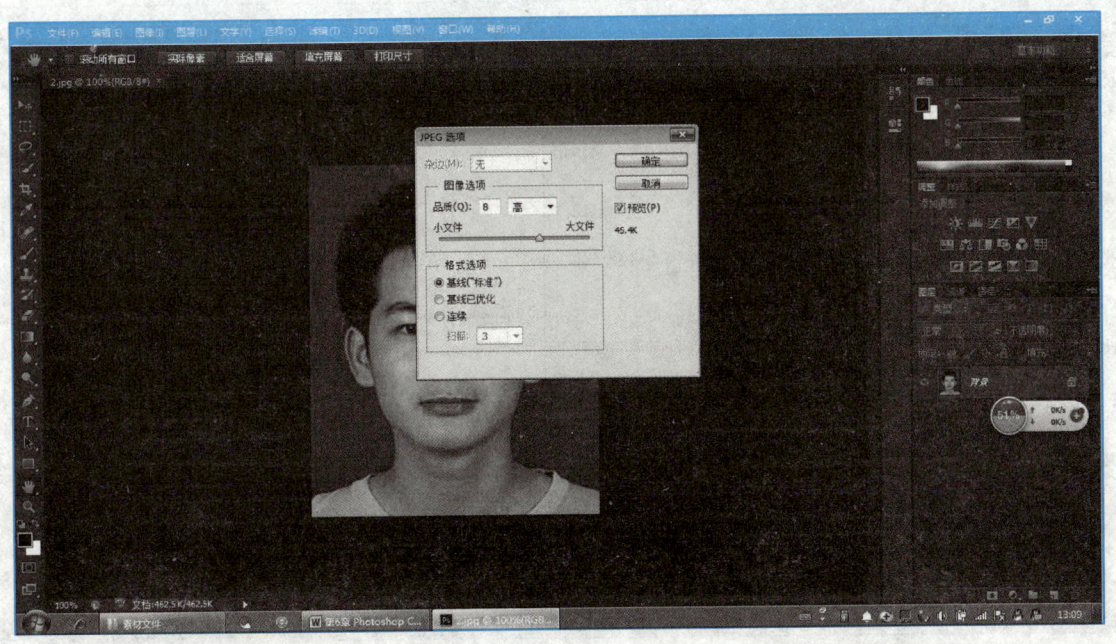

图 6-19 保存照片

（4）用画图工具打开刚保存的照片，单击"重新调整大小"按钮，在打开的对话框中将"依据"组里的两个值均改为 23，如图 6-20 所示。

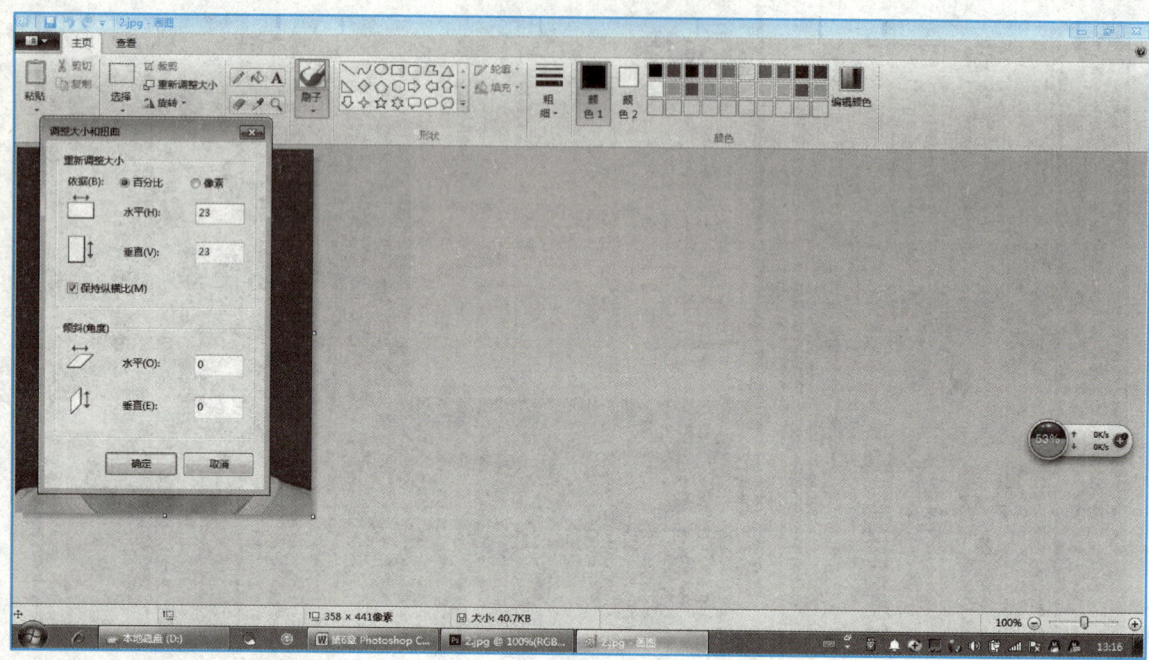

图 6-20 "调整大小和扭曲"对话框

（5）此时，照片已达到要求，如图 6-21 所示。

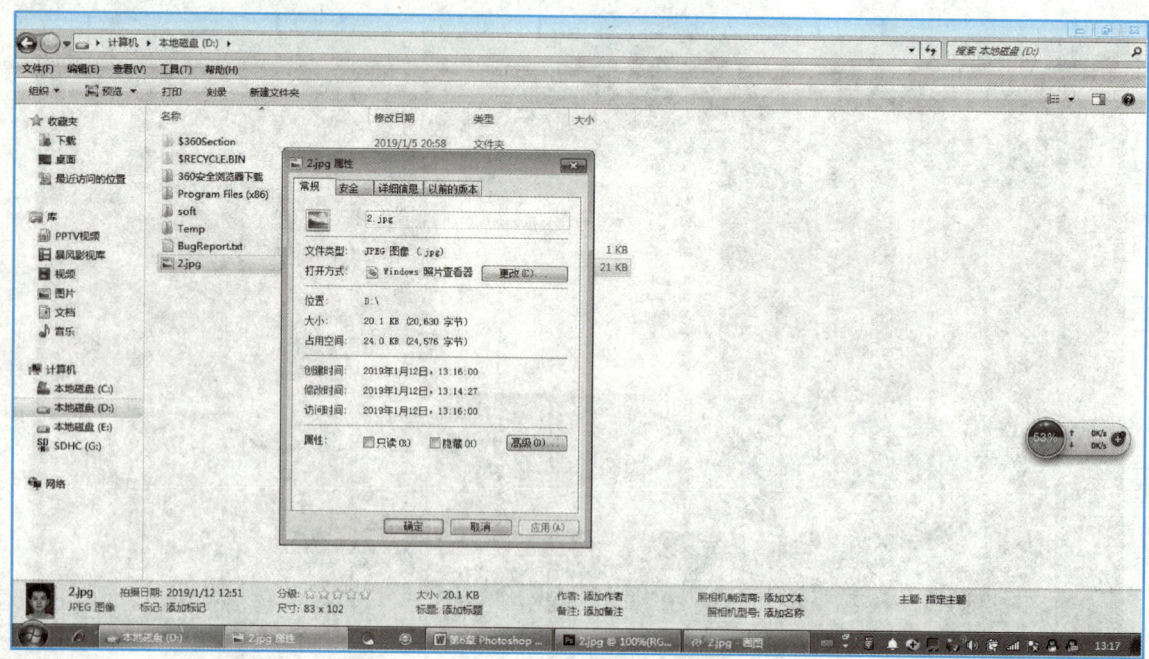

图 6-21 图片属性对话框

6.3 使用 Photoshop CS 制作照片的羽化效果

一、实验目的

1. 熟悉 Photoshop CS 的基本操作。
2. 掌握使用 Photoshop CS 制作照片的羽化效果。

二、实验内容

运用 Photoshop CS 提供的相关工具，制作羽化效果的照片。

三、实验步骤

（1）用 Photoshop CS 打开图片，单击"图像"→"图像大小"命令，在打开的对话框中查看图片的相关信息，如图 6-22 所示。

素材：
风景图片

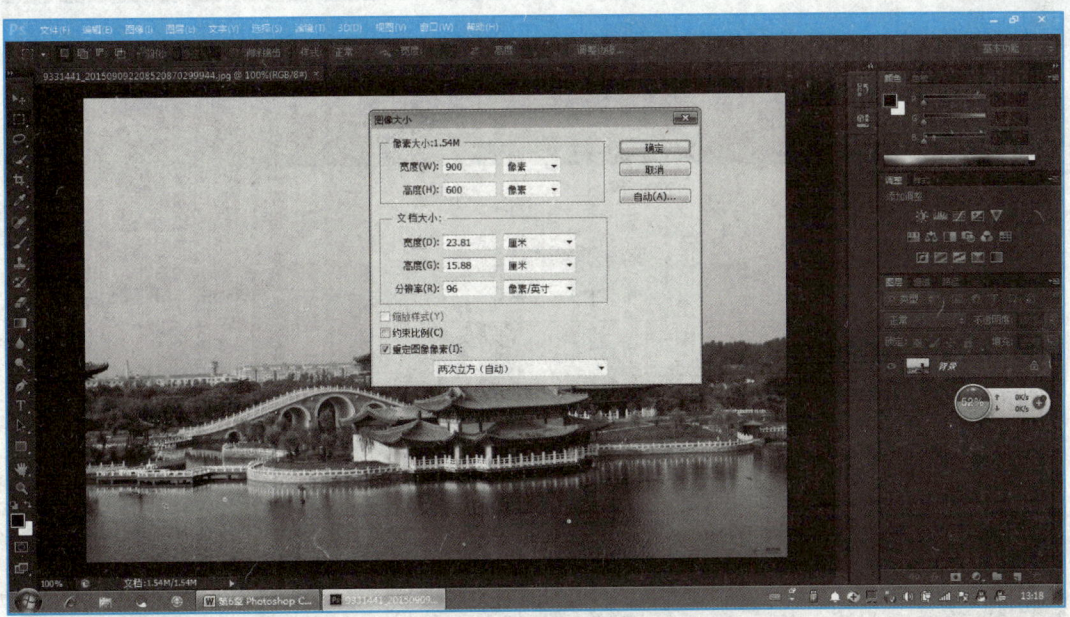

图 6-22 "图像大小"对话框

（2）单击"文件"→"新建"命令，并按刚才查看的信息新建一个像素、分辨率等都相同的文档，如图 6-23 所示。

（3）使用"椭圆形工具"画一个椭圆，单击"选择"→"修改"→"羽化"命令，在打开的对话框中将"羽化半径"设为 25，如图 6-24 所示。

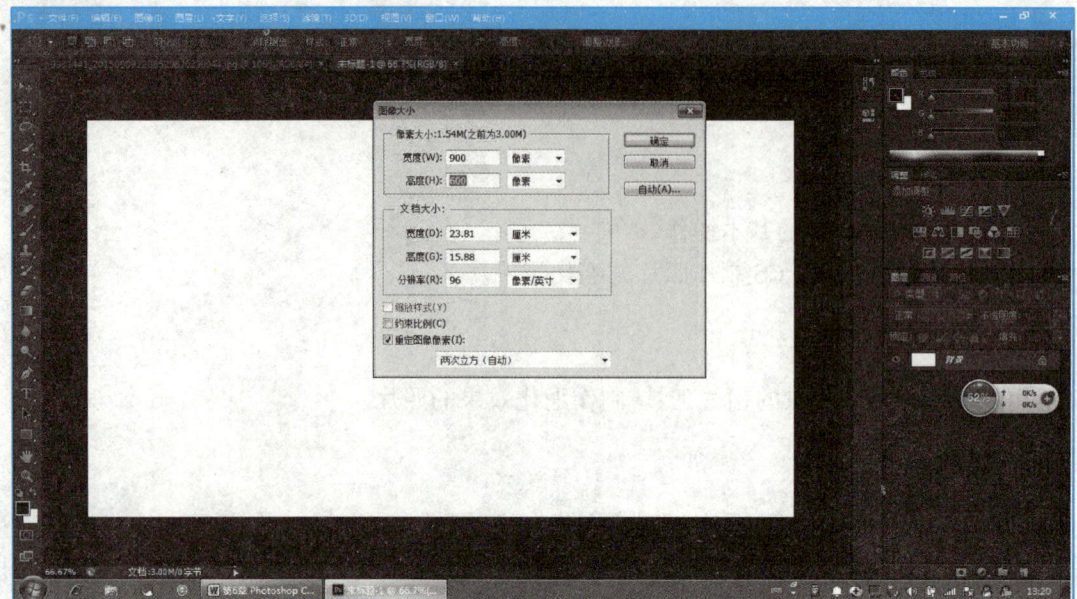

图 6-23 新建的文档

图 6-24 "羽化选区"对话框

（4）将新建的空白图拖出，如图 6-25 所示。

（5）将套选的风景图拖进空白图，这样一个羽化的效果就完成了，如图 6-26 所示。

6.4 图层的应用

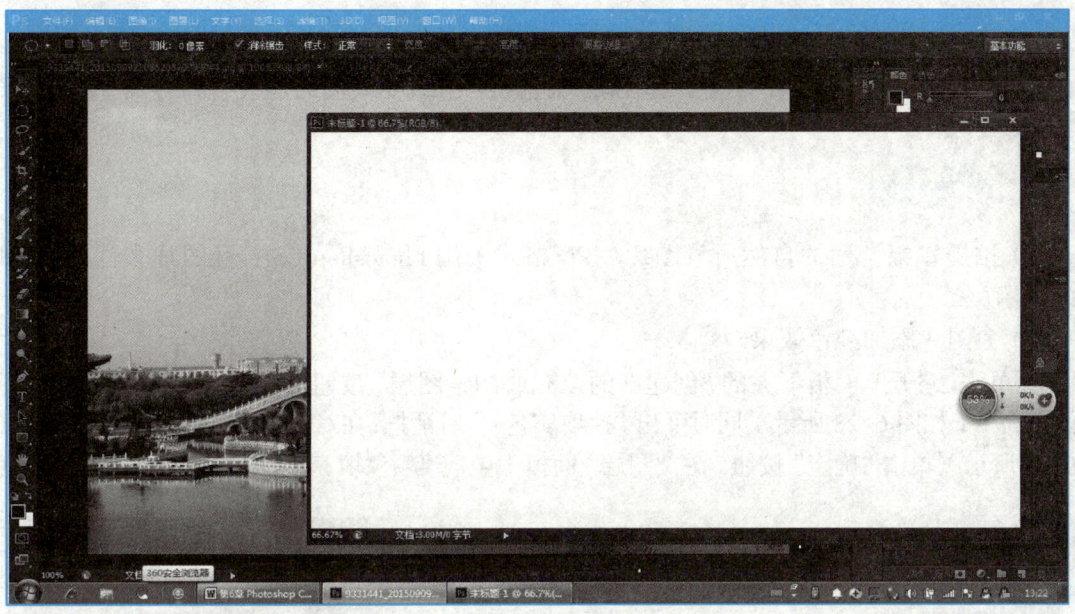

图 6-25 空白图

图 6-26 羽化的效果

6.4 图层的应用

一、实验目的

通过对图像创建不同类型的填充或调整图层，掌握图层的使用方法及基本应用。

二、实验内容

使用 Photoshop CS 提供的纯色、混合模式、色相/饱和度以及通道混合器等命令，制作照片的视觉特效。

三、实验步骤

（1）拍摄一幅合适的自然风景图片（JPG 格式），用 Photoshop CS 打开图片文件，效果如图 6-27 所示。

（2）为图片添加纯色效果。

① 单击"图层"面板下方的"创建新的填充或调整图层"按钮 ，在弹出的菜单中选择"纯色"命令（如图 6-28 所示），同时弹出"拾取实色："对话框，在对话框中任意选取一种颜色（如图 6-29 所示），单击"确定"按钮。在"图层"面板中生成"颜色填充 1"图层，如图 6-30 所示。

> 素材：
> 自然风景

图 6-27　图片文件

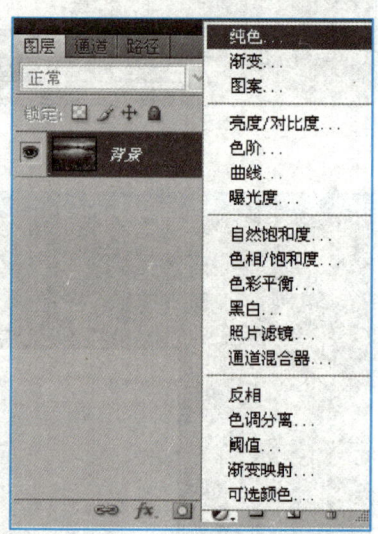

图 6-28　"纯色"命令

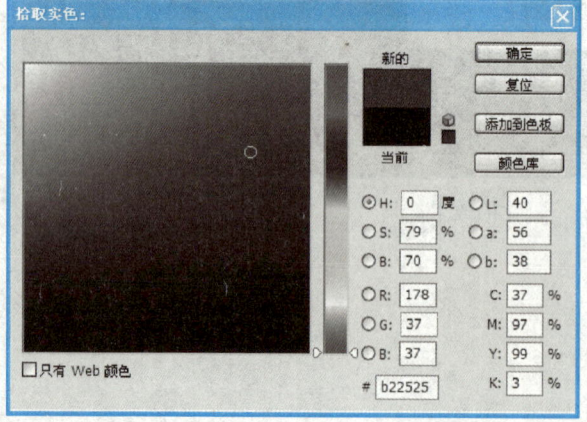

图 6-29　"拾取实色："对话框

图 6-30　"图层"面板

② 在"图层"面板上方,将"颜色填充 1"图层的"混合模式"选项设为"叠加",如图 6-31 所示,图像效果如图 6-32 所示。

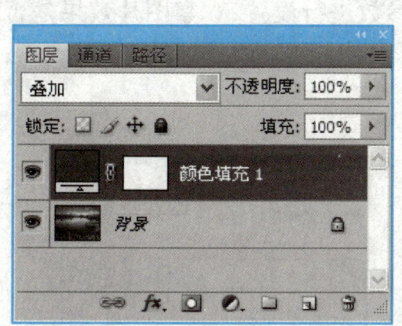

图 6-31　设置混合模式　　　　　　　　图 6-32　图像效果

③ 双击"颜色填充 1"图层左侧的颜色图标,弹出"拾取实色:"对话框,如图 6-33 所示。在对话框中更改颜色设置,使图像达到理想的效果。更改的图像效果如图 6-34 所示。

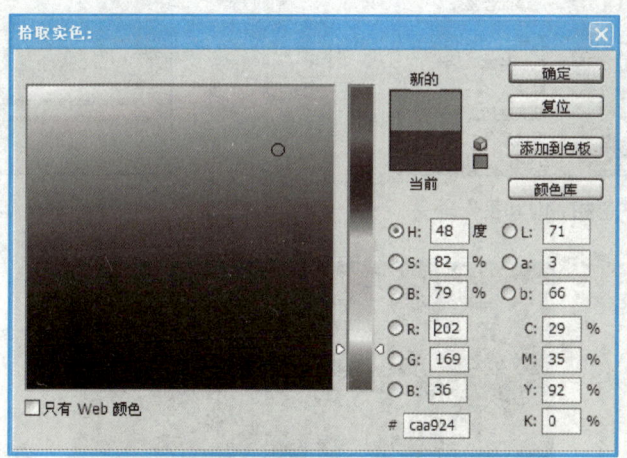

图 6-33　"拾取实色:"对话框

图 6-34　更改颜色后的图像效果

（3）调整图片的颜色效果。

① 单击"图层"面板下方的"创建新的填充或调整图层"按钮 ，在弹出的菜单中选择"色相/饱和度"命令（如图6-35所示），在"图层"面板中生成"色相/饱和度1"图层。在"调整"面板（如图6-36所示）中自行对色相、饱和度等参数进行设置，观察图片效果是否理想，单击"确定"按钮完成设置。图像效果如图6-37所示。

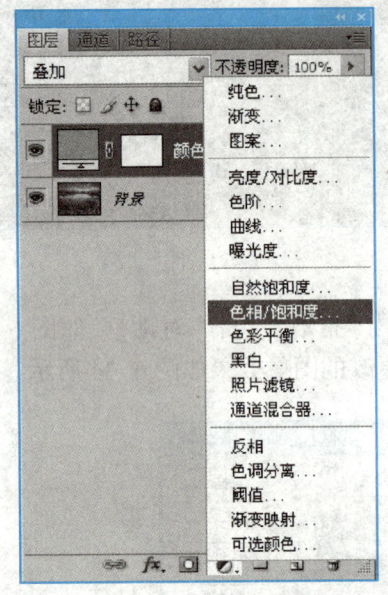

图6-35 "色相/饱和度"命令

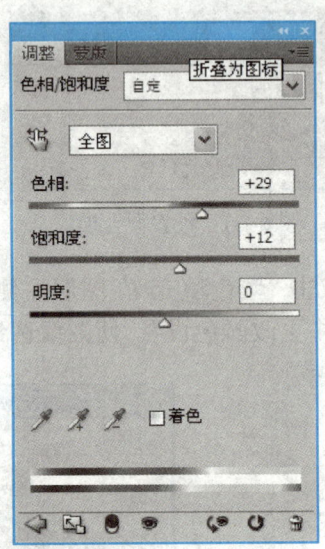

图6-36 "调整"面板

图6-37 图像效果

② 单击"图层"面板下方的"创建新的填充或调整图层"按钮 ，在弹出的菜单中选择"通道混合器"命令（如图6-38所示），在"图层"面板中生成"通道混合器1"图层。在弹出的"调整"面板中，分别选择"红""绿""蓝"输出通道并对其参数进行设置，如图6-39~图6-41所示，直到达到理想的效果。

③ 单击"图层"→"合并可见图层"命令合并图层，保存文件，完成制作。图像效果如图6-42所示。

6.5 通道的应用

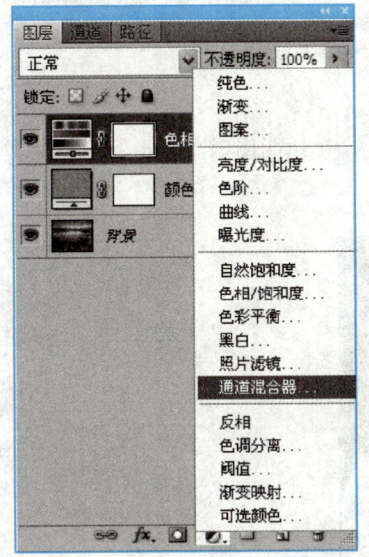

图 6-38 "通道混合器"命令

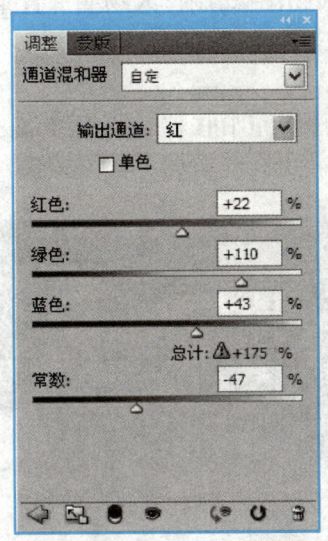

图 6-39 "红"输出通道

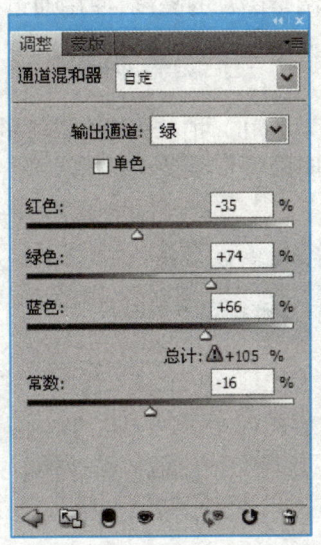

图 6-40 "绿"输出通道

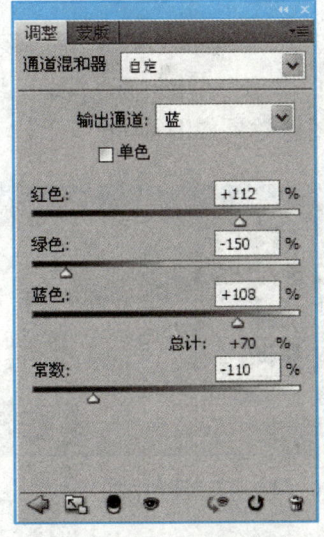

图 6-41 "蓝"输出通道

图 6-42 图像效果

6.5 通道的应用

一、实验目的

理解和掌握 Photoshop CS 中 RGB 通道的作用及实际应用方法。

二、实验内容

使用 Photoshop CS 提供的应用图像命令、色阶命令调整图片的颜色,使用亮度/对比度命令调整图片的亮度,使用通道抠取人物图像,制作人物照片背景替换效果。

三、实验步骤

(1)拍摄一幅合适的人物图片(JPG 格式),用 Photoshop CS 打开图片文件,如图 6-43 所示。

素材:
人物图片

图 6-43　图片文件

(2)使用通道抠取人物图像。

① 选择"通道"面板,如图 6-44 所示。分别单击"红""绿""蓝"通道,找出人物与背景反差最大的一个通道。如图 6-45 所示,选择"红"通道。图像效果如图 6-46 所示。

图 6-44　"通道"面板

图 6-45　选择"红"通道

图 6-46　图像效果

② 将选择的"红"通道图层拖曳到"创建新图层"按钮 上进行复制,生成新的"红 副本"图层,如图 6-47 所示。

③ 选中"红 副本"通道,按 Ctrl+L 键,弹出"色阶"对话框,如图 6-48 所示。将黑、白两个三角滑块向中间移动,观察预览效果,使人物与背景反差进一步加大。单击"确定"按钮,效果如图 6-49 所示。

④ 单击工具箱中的"设置前景色和背景色"按钮 ,弹出"拾色器(前景色)"对话框,设置前景色为白色,如图 6-50 所示,单击"确定"按钮。使用工具箱中的画笔工具,将图像人物部分涂成白色。效果如图 6-51 所示。

图 6-47 "红 副本"图层

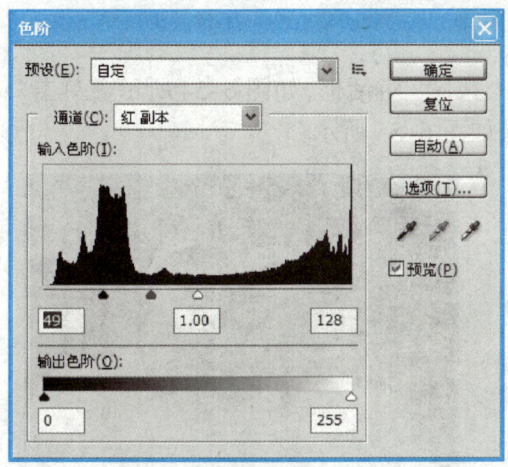

图 6-48 "色阶"对话框

图 6-49 图像效果

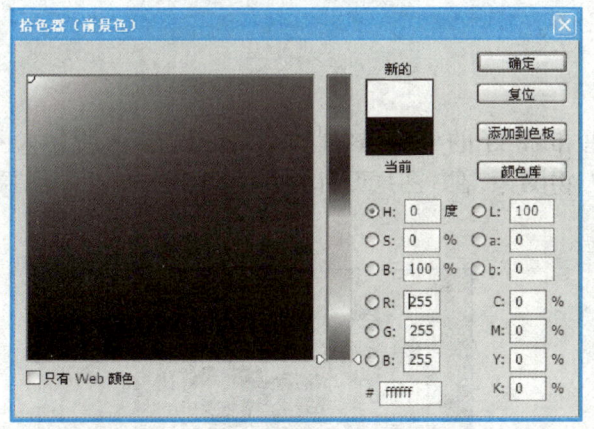

图 6-50 "拾色器(前景色)"对话框

图 6-51 图像效果

【提示】"红 副本"通道图层中白色会作为将来的选区。根据不同图像的实际情况,可使用"图像"→"调整"→"反相"命令,将图像要抠取的部分转换为白色。

⑤ 按 Ctrl+L 组合键,弹出"色阶"对话框,使用第③步中的方法进一步加大人物与背景的

反差,效果如图 6-52 所示。对背景中的白色部分使用第④步中的方法,用画笔工具将其涂成黑色,效果如图 6-53 所示。

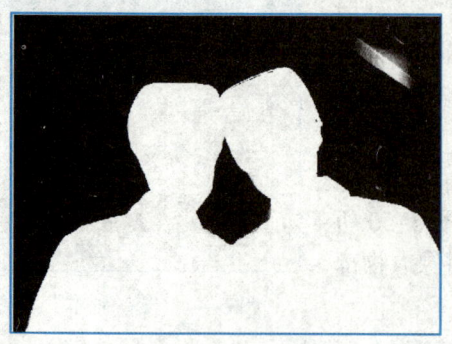

图 6-52　加大人物与背景的反差

图 6-53　图像效果

⑥ 单击"选择"→"载入选区"命令,弹出"载入选区"对话框,如图 6-54 所示。单击"确定"按钮,选择"通道"面板中的 RGB 通道,图像效果如图 6-55 所示。

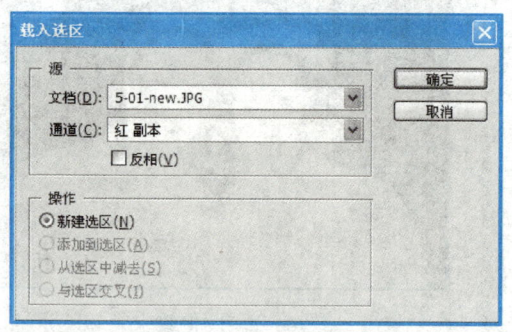

图 6-54　"载入选区"对话框

图 6-55　图像效果

⑦ 按 Ctrl+C 组合键,复制选区图像。

(3) 制作人物照片背景替换效果。

素材：背景图片

① 用 Photoshop CS 打开准备好的背景图片文件,如图 6-56 所示。按 Ctrl+V 组合键,粘贴复制的人物图像,在"图层"面板中生成"图层 1"新图层,效果如图 6-57 所示。

图 6-56　背景图片文件

图 6-57　图像粘贴效果

② 选中"图层 1"图层,按 Ctrl+T 组合键,出现图像自由变换控制框,如图 6-58 所示。根据设计需要,用鼠标拖动边框,调整图像的大小(提示:拖曳时按住 Shift 键可保持图像的缩放比例)。按 Enter 键完成调整,效果如图 6-59 所示。

 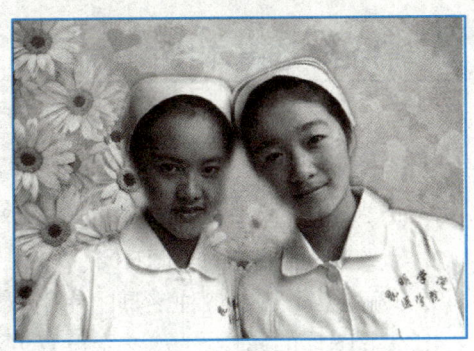

图 6-58　图像自由变换控制框　　　　　　　　图 6-59　图像效果

③ 单击"图层"→"合并可见图层"命令合并图层,保存文件,完成制作。

第7章 Flash 动画制作软件

7.1 Flash 的基本操作

一、实验目的

1. 认识 Flash CS5 软件的工作环境。
2. 熟悉 Flash CS5 的绘图环境。
3. 了解 Flash CS5 各种工具的使用方法。
4. 掌握图形的属性设置、文字设置方法。

二、实验内容

动画源文件的新建、保存；动画文件的生成；使用直线、椭圆、文字等绘图工具创作一幅作品。

三、实验步骤

（1）新建一个源文件，文件名为"夜晚.fla"。打开 Adobe Flash Professional CS5 软件，单击"新建"→ActionScript 3.0 命令，打开"属性"面板，设置舞台背景色为灰色（**舞台：** ）。

（2）选择工具箱中的椭圆工具，如图 7-1 所示。

（3）在舞台左上角绘制一个月亮，设置为无轮廓色，内部填充色为淡黄色。

【提示】按住 Shift 键可以画正圆。

（4）绘制小星星。选择多角星形工具，在"属性"面板中选择"选项"组中的 5 边星形选项。内部填充色为蓝色，在舞台上绘制大小不等的蓝色小星星。如果想改变小星星的大小或形状，可以用变形工具 修改。

（5）绘制云彩。选择椭圆工具，内部色为白色，画两个椭圆，如图 7-2 所示。单击"修改"→"组合"命令，将两个椭圆组合成一个整体云彩图形。

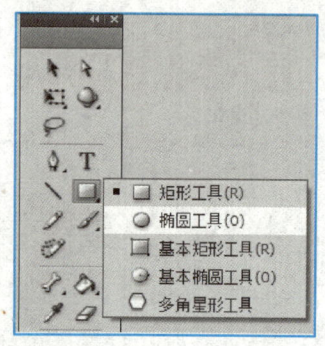

图 7-1　椭圆工具

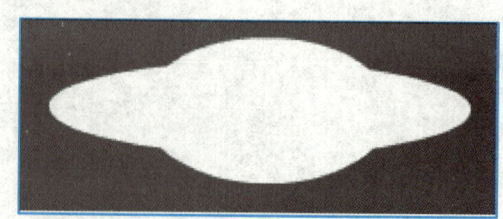

图 7-2　云彩制作

（6）绘制树叶。选择亮绿色，绘制一个椭圆，通过选择工具 ▶ ，修饰椭圆为树叶形状。选择深绿色，选择直线工具，绘制叶脉，对直线变形修饰。

（7）对叶子进行组合。复制叶子并变形，完成作品。

（8）选择文字工具，设置字体大小为 48 点，字体颜色自定，输入标题"夜晚"。

（9）单击"控制"→"测试影片"→"测试"命令（按 Ctrl+Enter 键），生成动画文件夜晚 .swf。

作品完成图如图 7-3 所示。

图 7-3　作品效果图

7.2　逐帧动画制作

一、实验目的

1. 认识时间轴的作用。
2. 熟悉帧的插入、移动、删除等操作方法。
3. 理解动画原理。
4. 掌握制作简单的逐帧动画。

二、实验内容

1. 制作跳动的人逐帧动画。
2. 制作太阳升起落下动画。

三、实验步骤

1. 制作跳动的人逐帧动画

（1）新建基于 ActionScript 3.0 的动画源文件，选择椭圆工具，在舞台上画一个抽象的人的形象，颜色自行设定。结果如图 7-4 所示。

（2）下方时间轴第 2 帧按 F6 键，插入一个新的关键帧，内容与第 1 帧相同。选择变形工具，对卡通人物的手位置进行移动操作。操作结果如图 7-5 和图 7-6 所示。

（3）在第 3 帧、第 4 帧、第 5 帧依次按 F6 键，插入一个新的关键帧，内容与前一帧相同。选择变形工具，对卡通人物的头、脚等位置进行移动操作。时间轴操作结果如图 7-7 所示。

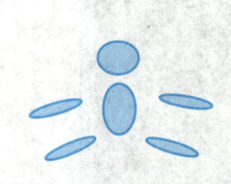

图 7-4　卡通人物图形

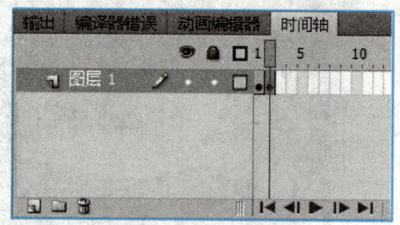

图 7-5　插入关键帧

图 7-6　修改过的卡通人物

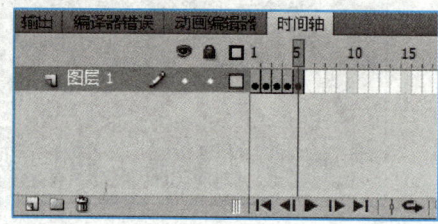

图 7-7　时间轴操作结果

（4）单击"控制"→"测试影片"→"测试"命令（按 Ctrl+Enter 键），生成动画文件跳动的人 .swf。

2. 制作太阳升起落下动画

（1）在第 1 帧中舞台左下角绘制一个圆，无轮廓，内部填充色为红色。

（2）在第 5 帧处按 F6 键，将太阳向右上移动位置，形成太阳升起的效果。

（3）在第 10、15、20、25 帧执行同样的操作，如图 7-8 所示。

（4）在左下角"图层"面板中新建一个图层，新图层用作动画背景，位置位于图层 1 下面。在新图层上画山或树背景，颜色自主设置。

（5）单击"控制"→"测试影片"→"测试"命令（按 Ctrl+Enter 键），生成动画文件升起的太阳 .swf。

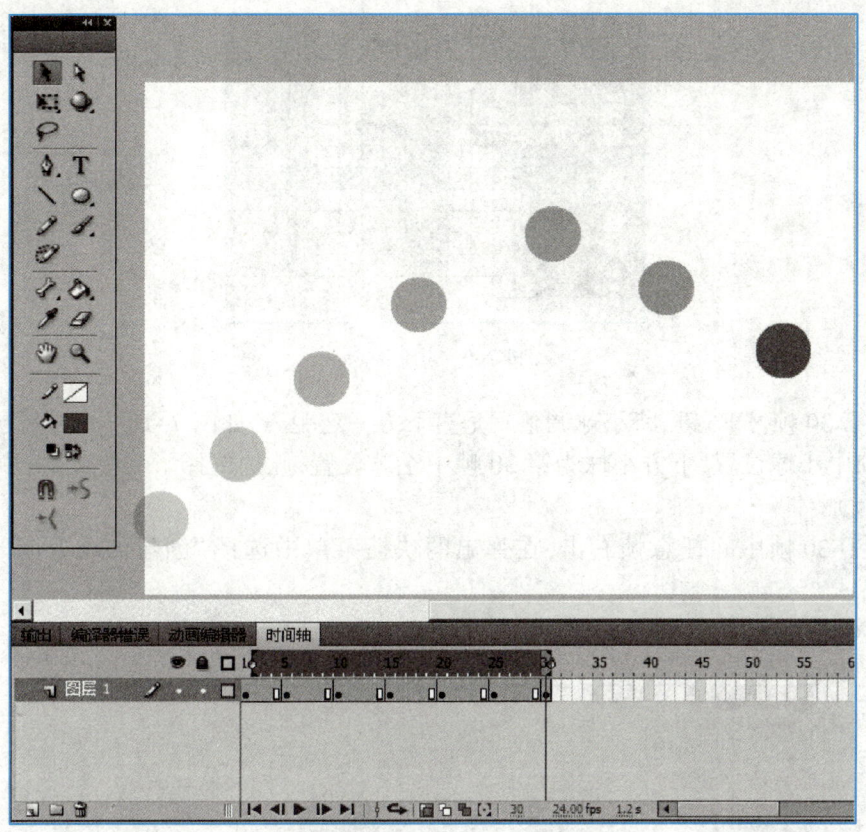

图 7-8　间隔 5 帧的逐帧动画

7.3　补间动画

一、实验目的

1. 掌握传统补间动画的制作方法。
2. 掌握运动补间动画的制作方法。
3. 掌握形状补间动画的制作方法。

二、实验内容

1. 制作小球自由落体动画。
2. 制作太阳升起落下动画。
3. 掌握形状补间动画的制作方法。

三、实验步骤

1. 制作小球自由落体动画
（1）用椭圆工具画一个圆，无轮廓色，内部填充色用黑白放射状，颜色选择如图 7-9 所示。

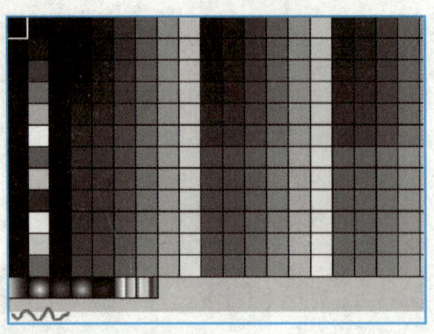

图 7-9　颜色选择

（2）在第 30 帧按 F6 键，将小球调整到垂直下方一定距离，如图 7-10 所示，上方小球为第 1 帧到第 29 帧中小球位置，下方小球为第 30 帧中小球位置，此处选择了"编辑多个帧"命令（如图 7-11 所示）。

（3）在 1~30 帧中间任意帧右击，在弹出的快捷菜单中选择"创建传统补间"命令，如图 7-12 所示。

（4）按 Ctrl+Enter 组合键，生成 SWF 格式动画文件，查看动画效果。

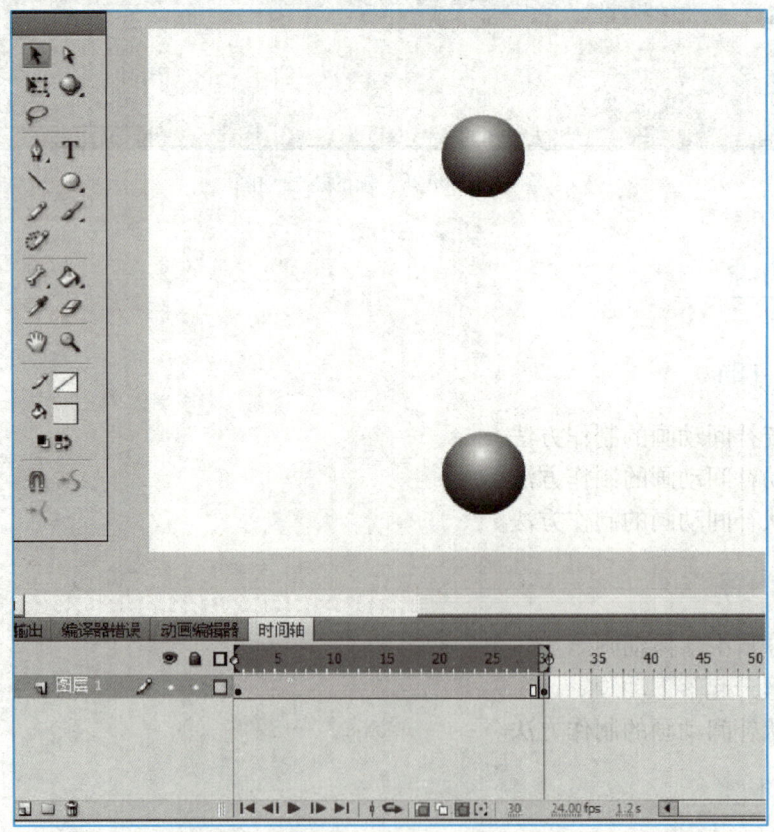

图 7-10　自由落体动画

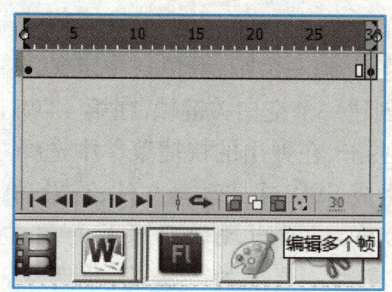

图 7-11　帧编辑视图选项

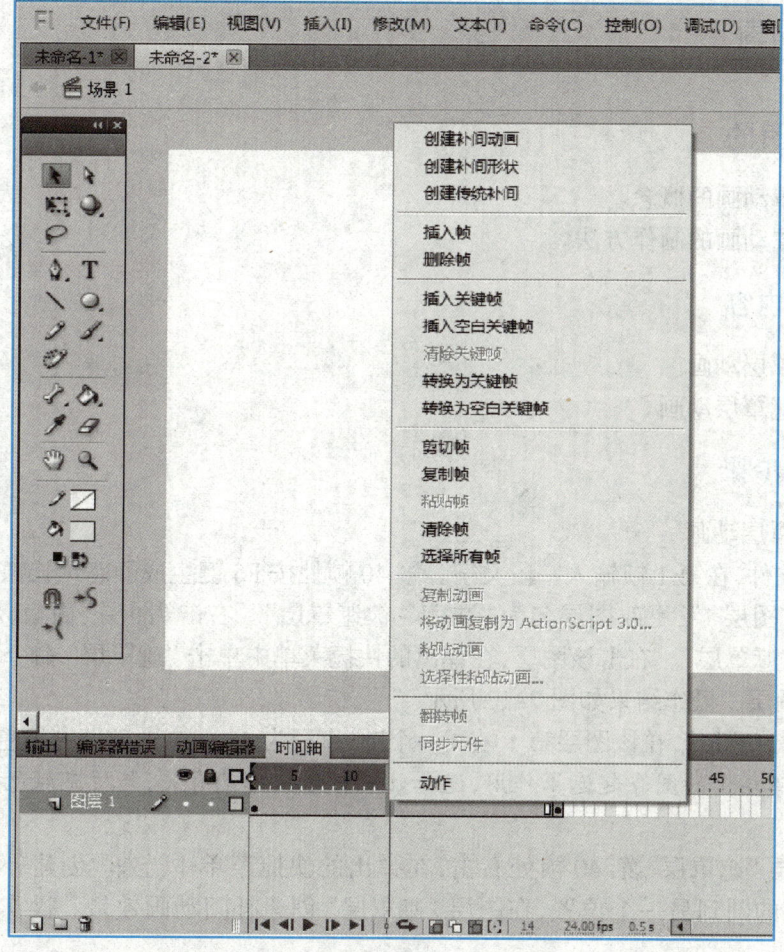

图 7-12　"创建传统补间"命令

2. 制作太阳升起落下动画

（1）新建一个文件，在第 1 帧上画一个圆，内部填充色为红色，无轮廓色。

（2）在第 40 帧处按 F5 键，右击第 40 帧，在弹出的快捷菜单中选择"创建补间动画"命令。拖曳第 40 帧中的小球到另一个位置。

（3）按 Ctrl+Enter 组合键，生成 SWF 格式动画文件，查看动画效果。

3. 掌握形状补间动画的制作方法

（1）新建一个文件，在第 1 帧上画一个圆，颜色自主定义。

（2）在第 40 帧处按 F7 键，创建一个空白关键帧，在第 40 帧上画一个五角星，颜色自主定义。

（3）在 1~40 帧中间任意帧右击，在弹出的快捷菜单中选择"创建补间形状"命令。

（4）按 Ctrl+Enter 组合键，生成 SWF 格式动画文件，查看动画效果。

【注】如果不能生成变形动画，经常出现的问题是两端需要变形的对象是组合状态，如文字对象，无法拆散，故而无法变形。处理的方法是，将两端对象分离成散件状态，单击"修改"→"分离"命令，或按 Ctrl+B 键，再测试生成动画文件即可。

7.4 遮罩动画

一、实验目的

1. 了解遮罩动画的概念。
2. 掌握遮罩动画的制作方法。

二、实验内容

1. 制作遮罩层动画。
2. 制作被遮罩层动画。

三、实验步骤

1. 制作遮罩层动画

（1）新建文件，在第 1 帧输入一段文字。第 40 帧处按 F5 键生成静态延长帧。

（2）双击"图层1"，更改图层名为"文字 – 被遮罩层"。右击"图层"面板，新建一个图层，更改图层名为"遮罩层"。右击该图层，在弹出的快捷菜单中单击"遮罩层"命令，在文字图层上新建一个遮罩图层。操作结果如图 7-13 所示。

（3）选择"遮罩层"，在该图层第 1 帧画一个圆，直径为 100 点，内部填充颜色自定义。

【注意】遮罩层上的图像起遮罩作用，遮罩效果与形状填充有关，与填充颜色无关，也与轮廓线无关。

（4）在图层"遮罩层"第 40 帧处右击，在弹出的快捷菜单中选择"创建补间动画"命令。拖动第 40 帧中的圆到另一个位置，在图层"遮罩层"创建补间动画效果。操作结果如图 7-14 所示。

（5）按 Ctrl+Enter 组合键，生成 SWF 格式动画文件，查看动画效果。

2. 制作被遮罩层动画

如果遮罩层对象不动，被遮罩层对象运动，则生成被遮罩层动画。

（1）新建文件，操作同"制作遮罩层动画"的步骤（1）、步骤（2）。

（2）选择"遮罩层"，在该图层第 1 帧画一个椭圆，宽为 300 点，高为 200 点，内部填充颜色自定义。

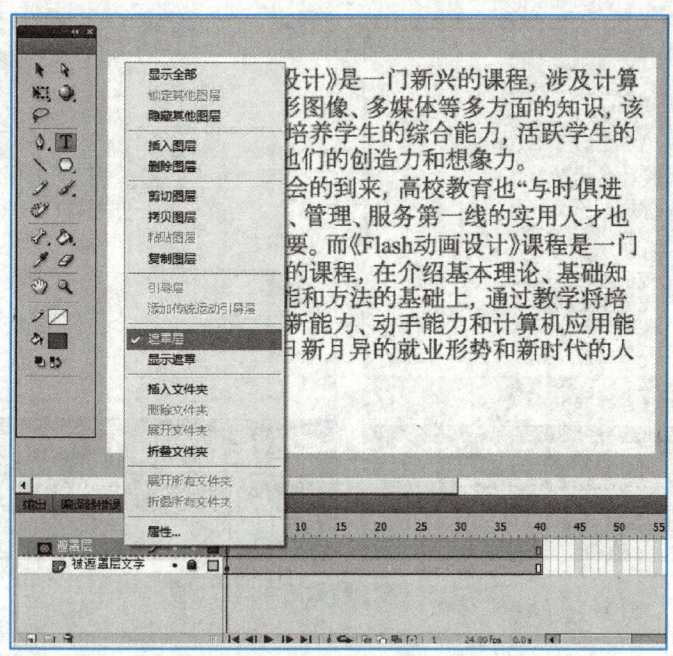

图 7-13 创建遮罩层

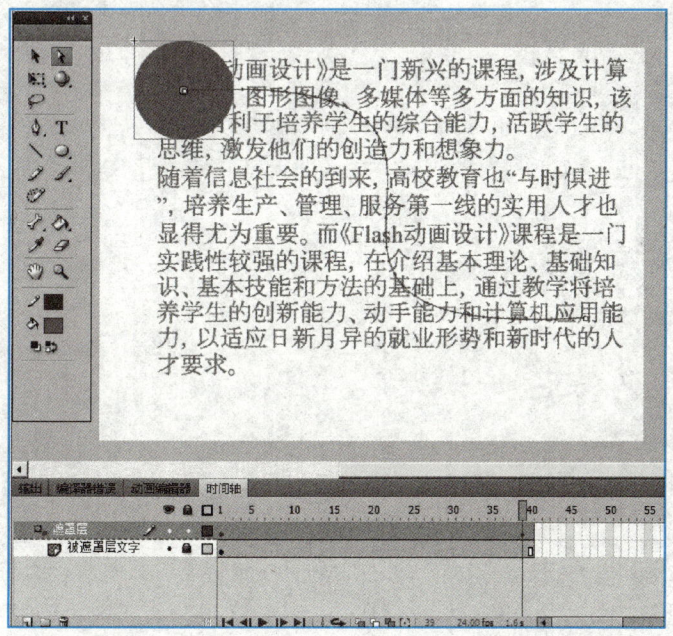

图 7-14 遮罩层动画

（3）在图层"文字 – 被遮罩层"第 40 帧处右击，在弹出的快捷菜单中选择"创建补间动画"命令。拖动第 40 帧中的文本框到另一个位置，形成文本框从下方移动到上方的运动轨迹。在图层"文字 – 被遮罩层"创建补间动画效果。操作结果如图 7-15 所示。

（4）按 Ctrl+Enter 组合键，生成 SWF 格式动画文件，查看动画效果。

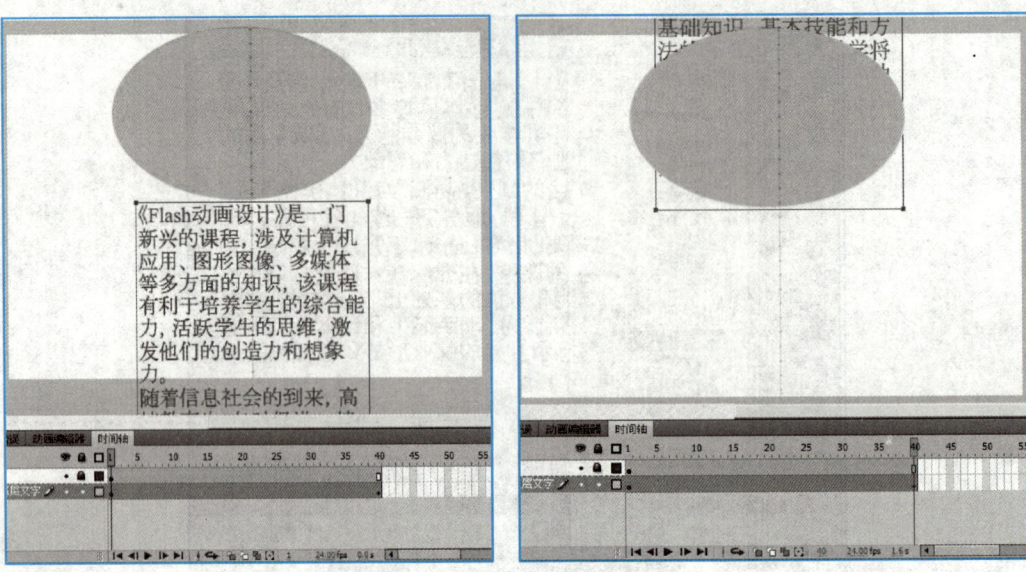

图 7-15 第 1 帧和第 40 帧效果

第 8 章　Dreamweaver CS5 网页制作软件

8.1　网页制作初步

一、实验目的

1. 了解网页制作的基本方法。
2. 利用 HTML 代码编写简单网页。
3. 熟悉 Dreamweaver CS5 软件操作界面。

二、实验内容

1. 用记事本编写一个网页文档。
2. 用 Dreamweaver CS5 制作网页文档。
3. 上网浏览一个网页,并查看其源代码。
4. 编写代码制作简单网页。
5. 利用 Dreamweaver CS5 软件,在网页编辑窗口"设计"视图中实现图像的插入。

三、实验步骤

1. 用记事本编写一个网页文档

操作步骤如下。

(1) 单击"开始"→"所有程序"→"附件"→"记事本"命令,打开记事本程序。

(2) 输入如图 8-1 所示的代码。

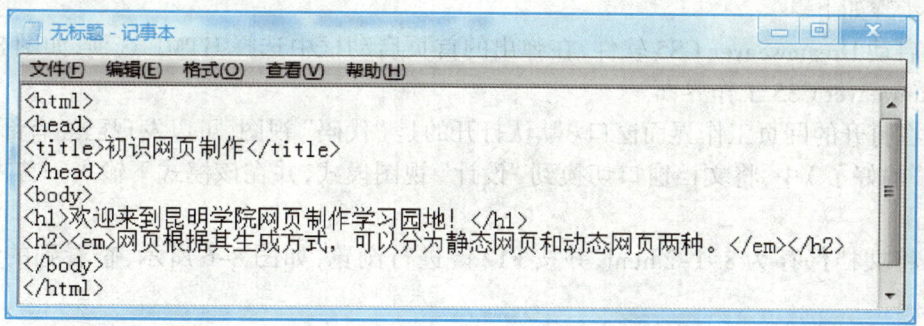

图 8-1　用记事本编写网页文档

(3) 将文件保存为网页文件类型。单击"文件"→"保存"命令,在弹出的"另存为"对话框中将文件保存为 8-1-1.html 或者 8-1-1.htm(注意:保存时其文件类型选择为"所有文件"),如图 8-2 所示。

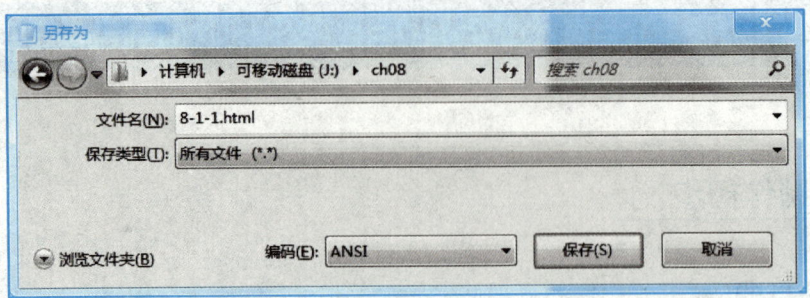

图 8-2 "另存为"对话框

（4）双击打开刚才保存的文件 8-1-1.html（或者 8-1-1.htm），出现如图 8-3 所示的效果图。

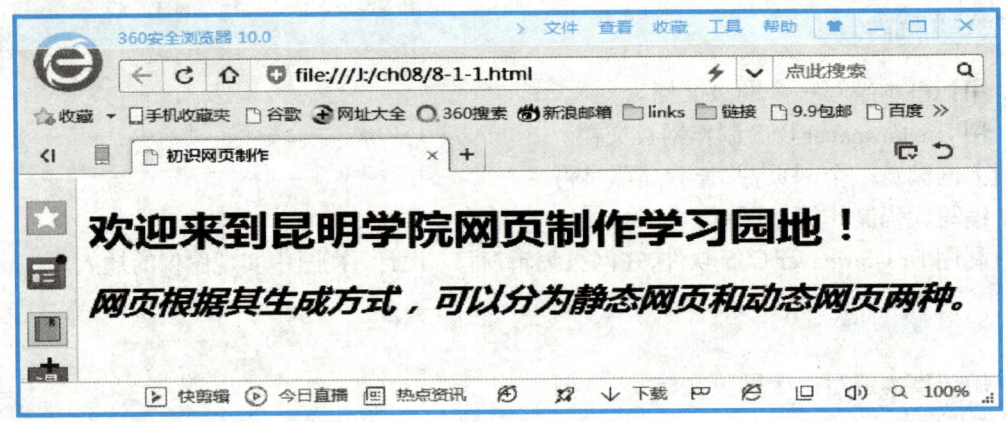

图 8-3 在浏览器中显示的效果

2. 用 Dreamweaver CS5 制作网页文档

操作步骤如下。

（1）启动 Dreamweaver CS5 软件，在弹出的首页启动框中选择 HTML 选项，如图 8-4 所示，打开 Dreamweaver CS5 工作界面。

（2）在打开的网页工作界面窗口（默认打开的是"代码"视图，可以发现已经有部分代码预先"自动"输好了）中，将文档窗口切换到"设计"视图模式，并在该模式下输入一首古诗，如图 8-5 所示。

（3）将文档保存为 8-1-2.html，并按 F12 键进行浏览，如图 8-6 所示，查看到的结果如图 8-7 所示。

【注意】读者注意观察就会发现浏览器中看到的效果与在"设计"视图界面下看到的结果是一致的，也就是说，用 Dreamweaver 软件设计网页是可以实现所见即所得效果的，这就为不懂 HTML 代码的用户也能设计制作网页带来了极大的便利。

（4）回到 Dreamweaver CS5 工作界面，还可试着将文档窗口切换到"拆分"视图模式下，如图 8-8 所示，仔细观察与"设计"视图的区别。

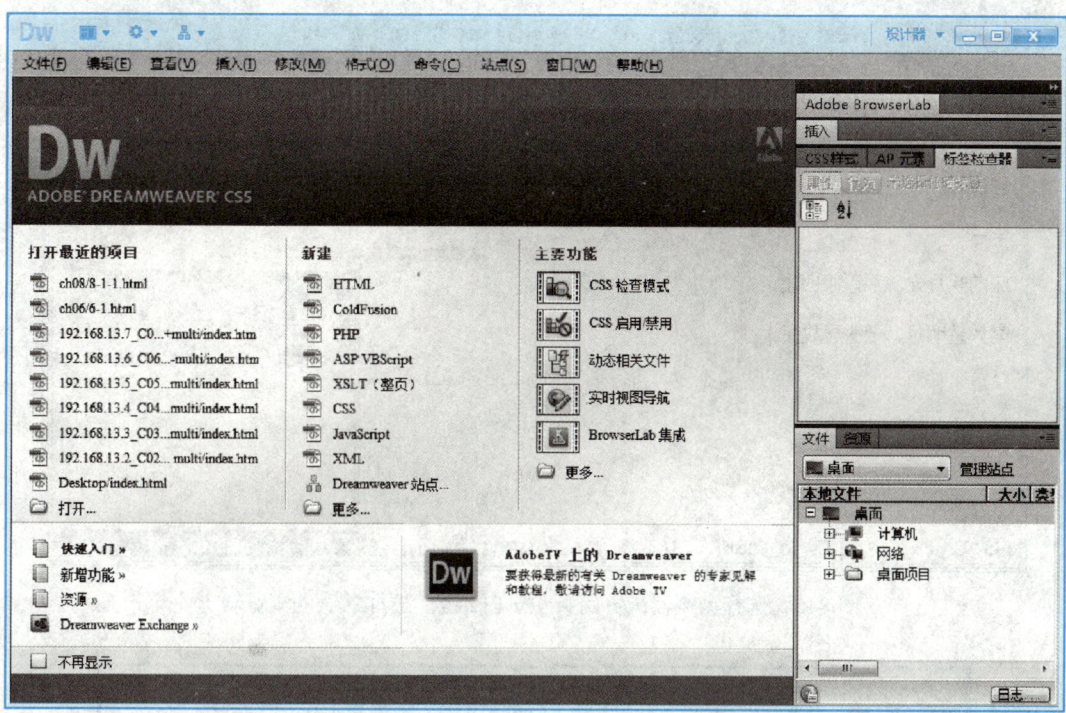

图 8-4　Dreamweaver CS5 启动界面

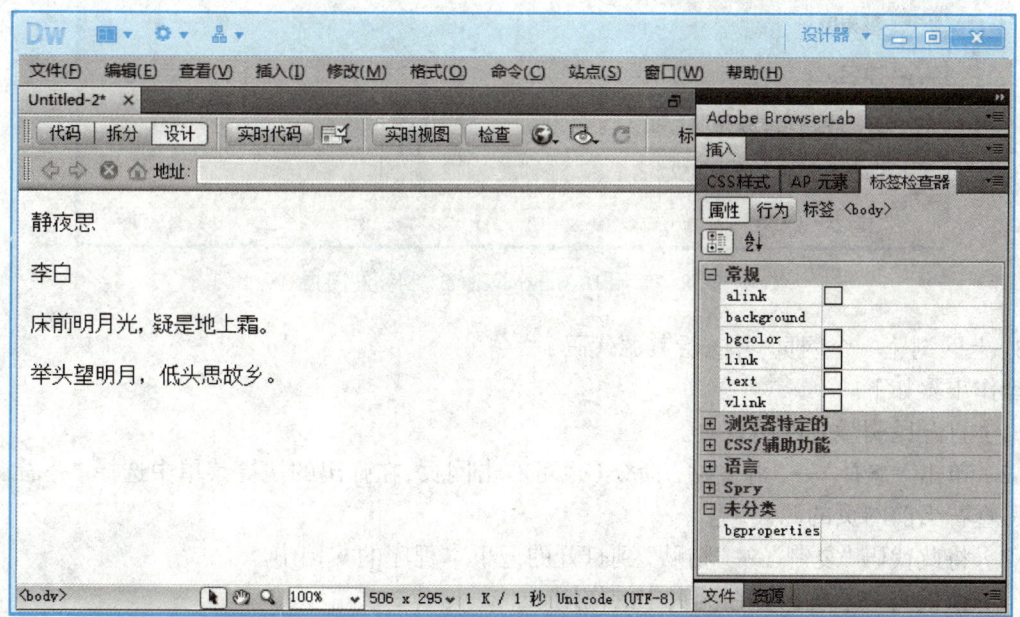

图 8-5　在"设计"视图下输入一首诗

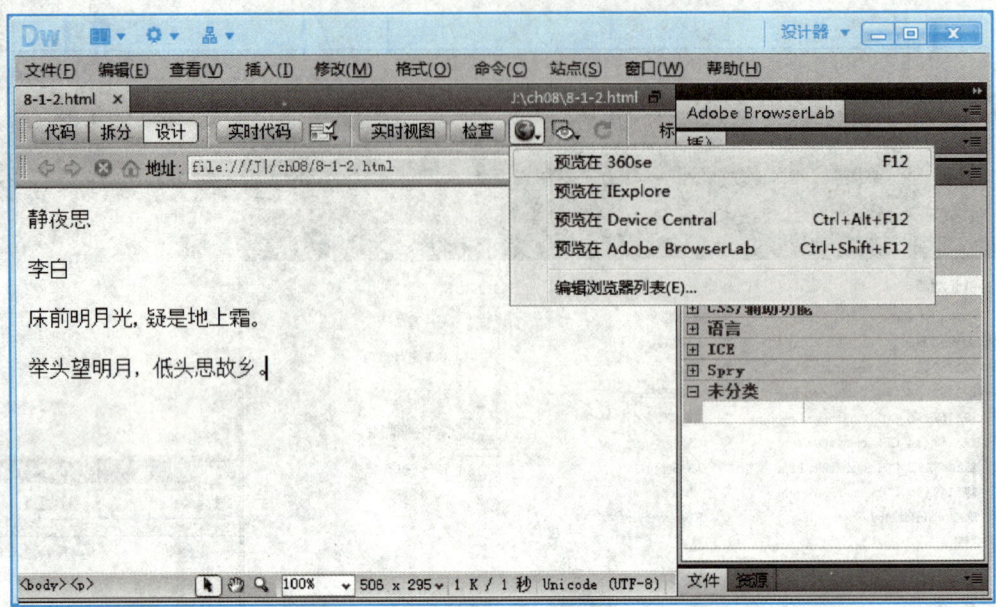

图 8-6 选择浏览器浏览网页（按 F12 键是选择默认的浏览器）

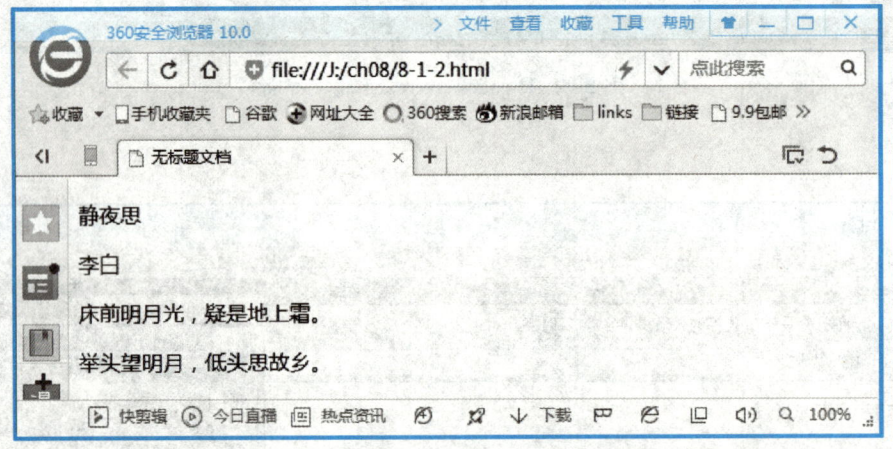

图 8-7 用 Dreamweaver CS5 制作的网页

3. 上网浏览一个网页，并查看其源代码

操作步骤如下。

（1）打开昆明学院网站首页。

（2）单击"查看"→"源文件"命令（也可右击网页，在弹出的快捷菜单中选择"查看源"命令），可查看当前网页的源代码。

（3）将此代码"复制"并"粘贴"到打开的记事本程序的文档中。

（4）在代码中了解标签在网页中的作用。

4. 编写代码制作简单网页

（1）打开记事本程序，在其中编写如图 8-9 所示的代码。

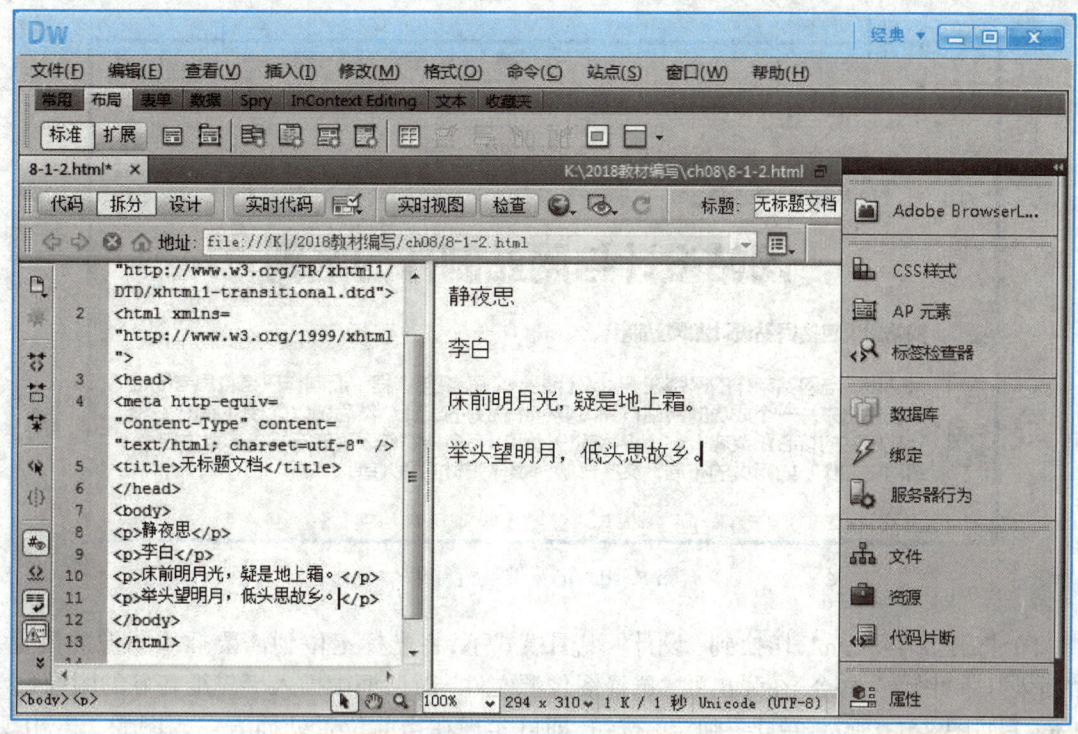

图 8-8 "拆分"视图

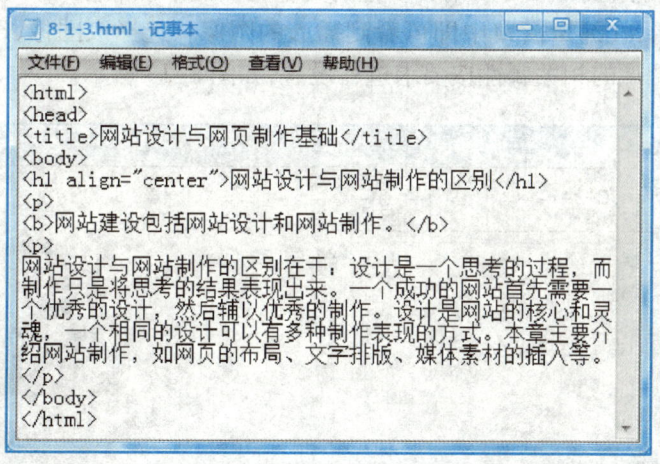

图 8-9 在记事本中编写的代码

（2）保存为 8-1-3.txt 文件后，将其 txt 扩展名改为 html，即将 8-1-3.txt 重命名为 8-1-3.html。

（3）双击打开 8-1-3.html 文件，即可看到如图 8-10 所示的结果。注意观察代码中的"网站设计与网页制作基础"的位置。

5. 利用 Dreamweaver CS5 软件，在网页编辑窗口"设计"视图中实现图像的插入

操作步骤如下。

素材：

8-1.jpg

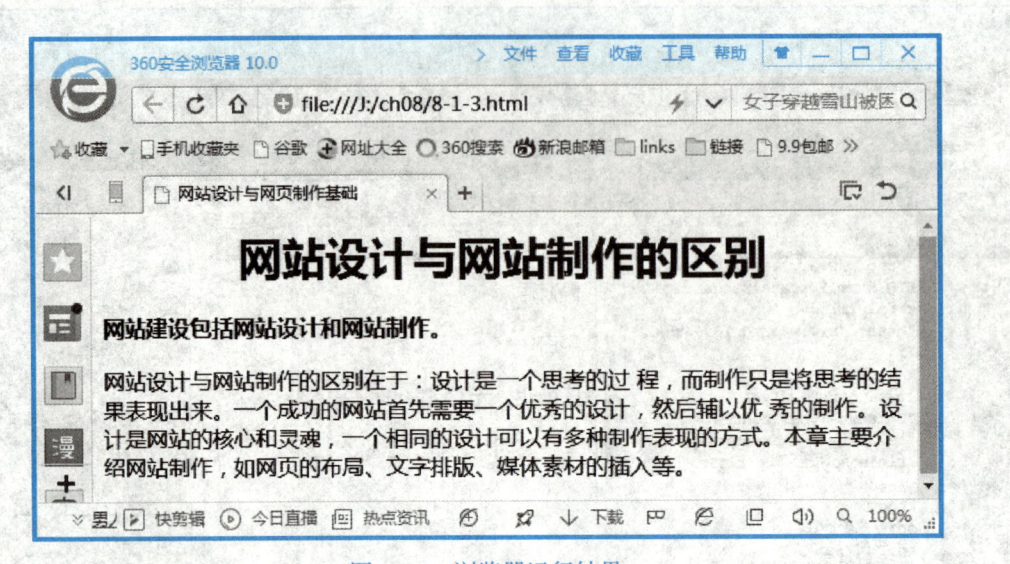

图 8-10　浏览器运行结果

（1）打开 8-1-3.html，切换到"设计"视图模式下，将光标定位到需要插入图像的位置，单击"插入"→"图像"命令，在弹出的"选择图像源文件"对话框中插入事先准备好的图像（例如 8-1.jpg），如图 8-11 所示，单击"确定"按钮，即可实现在当前位置处插入一幅图像。若出现如图 8-12 所示的对话框，单击"确定"或"取消"按钮均可，其中，该对话框中的"替换文本"表示当插入的图片不能正常显示时，可以用所设置的文字替换显示该图像。

（2）插入图像后，在编辑窗口中即可看到插入的图像。选择该图像，还可以在窗口下面的"属性"面板中对该图像的相关属性按要求进行设置，如图 8-13 所示。

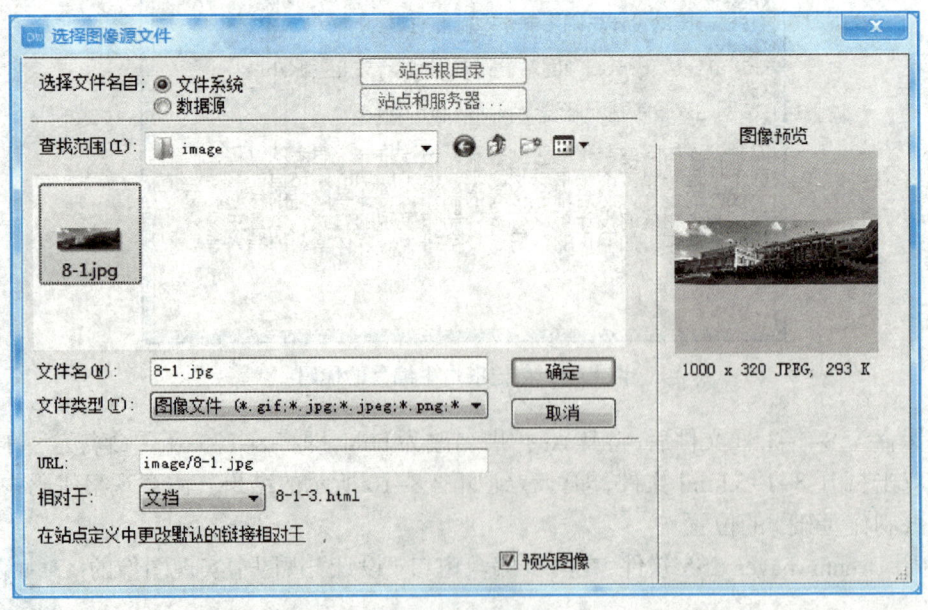

图 8-11　"选择图像源文件"对话框

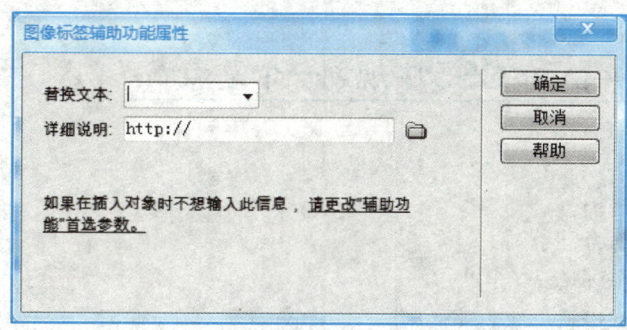

图 8-12 "图像标签辅助功能属性"对话框

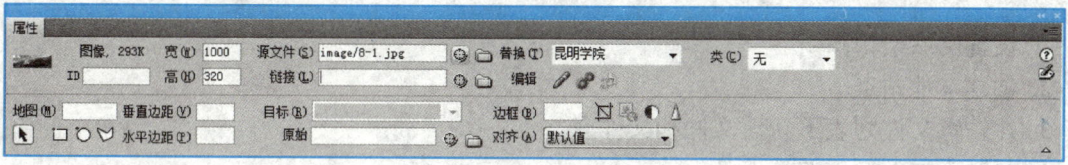

图 8-13 图像的"属性"面板

（3）将窗口切换到"代码"视图，观察并记录插入图像的 HTML 代码，掌握各个参数分别代表的含义。

【提示】<img src="image/8-1.jpg"alt=" 昆明学院 "width="1000"height="320"align="middle">

（4）保存网页文件为 8-1-4.html。按 F12 键进行浏览，查看结果，如图 8-14 所示。

图 8-14 插入图片后的网页效果图

8.2 在 Dreamweaver CS5 中规划一个站点

一、实验目的

1. 掌握站点创建的方法。
2. 掌握自定义工作环境。
3. 掌握简单的网页设计。

二、实验内容

1. 设置网站架构图。
2. 创建本地站点。
3. 在站点文件列表下新建文件和文件夹。
4. 复制素材到新建的站点。
5. 管理定义好的站点项目。
6. 网页布局规划。
7. 设置文件头。
8. 设置网页属性。
9. 创建简单网页。

三、实验步骤

1. 设置网站架构图

建立一个以自己名字命名的站点，该网点的主题思想是"我的大学生活"。该站点包含 6 个文件夹：images、music、flash、film、document、css 和 13 个网页。网站架构图如图 8-15 所示。

2. 创建本地站点

（1）打开 Dreamweaver CS5，单击"站点"→"新建站点"命令，弹出如图 8-16 所示对话框。

（2）在弹出的对话框的"高级设置"选项卡中输入如下信息。

① "站点名称"：我的大学生活。

② "本地站点文件夹"：选择本地文件夹，例如"G:\MYWEB"。

（3）设置完毕，单击"保存"按钮。

（4）在 Dreamweaver 的工作界面右侧浮动面板组中的"文件"面板中的"本地文件"标签下就能看到刚才新建的站点"我的大学生活"，如图 8-17 所示。

3. 在站点文件列表下新建文件和文件夹

（1）在站点文件列表中右击"站点 – 我的大学生活"，在弹出的快捷菜单中选择"新建文件夹"命令，文件列表中就会出现名为"新建文件夹"的文件夹，将该文件夹命名为 images，同样操作建立 music、flash、film、document 和 css 文件夹。

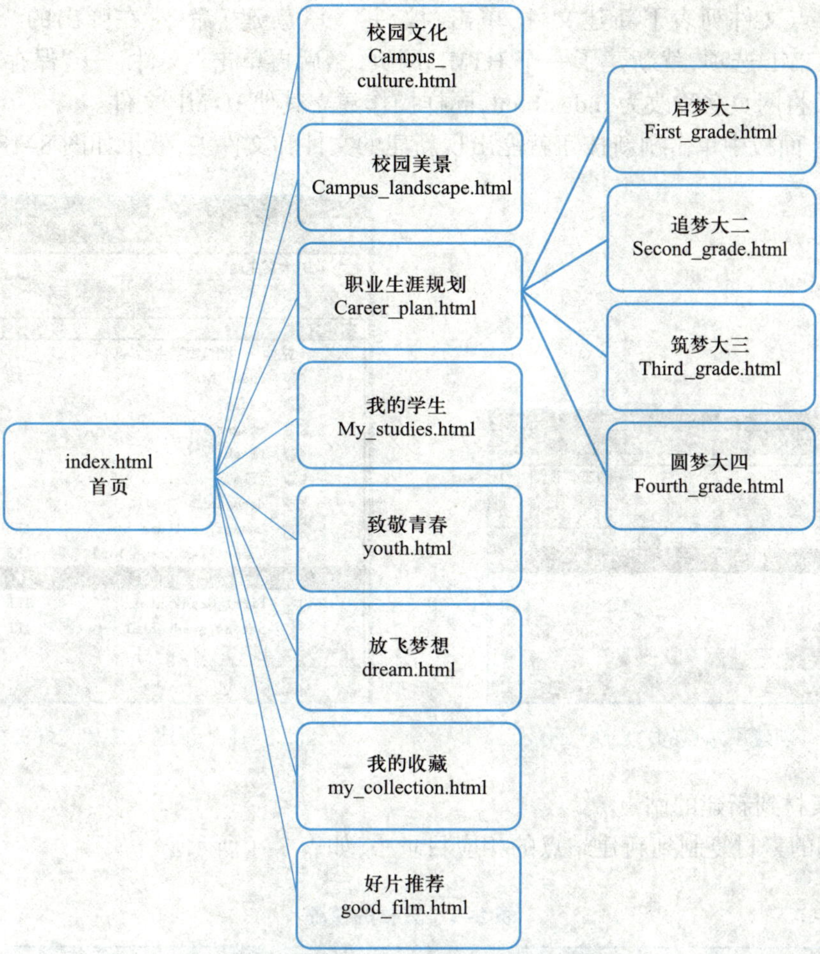

校园文化
Campus_
culture.html
校园美景
Campus_landscape.html
职业生涯规划
Career_plan.html
我的学生
My_studies.html
index.html
首页
致敬青春
youth.html
放飞梦想
dream.html
我的收藏
my_collection.html
好片推荐
good_film.html
启梦大一
First_grade.html
追梦大二
Second_grade.html
筑梦大三
Third_grade.html
圆梦大四
Fourth_grade.html

图 8-15 “我的大学生活”网站架构图

站点设置对象 我的大学生活
站点
服务器
版本控制
高级设置
Dreamweaver 站点是网站中使用的所有文件和资源的集合。Dreamweaver 站点通常包含两个部分：可在其中存储和处理文件的计算机上的本地文件夹，以及可在其中将相同文件发布到 Web 上的服务器上的远程文件夹。
您可以在此处为 Dreamweaver 站点选择本地文件夹和名称。
站点名称：我的大学生活
本地站点文件夹：G:\MYWEB\
帮助
保存
取消

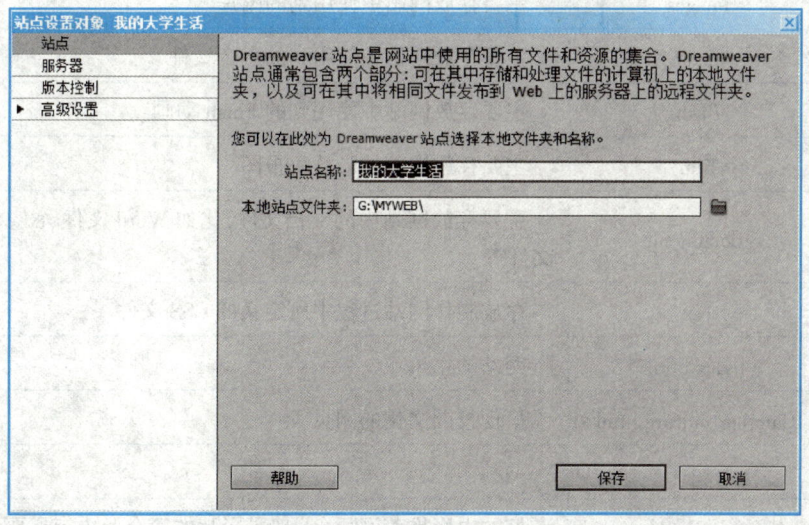

图 8-16 “站点设置对象 我的大学生活”对话框

（2）在站点文件列表下新建文件，单击"文件"→"新建"命令，在弹出的"新建文档"对话框中选择 HTML 选项，就新建了一个 HTML 网页，然后再单击"文件"→"保存"命令或者按 Ctrl+S 组合键，将网页名称改为 index.html，同样操作建立其他 HTML 文件。

在"文件"面板中单击刷新按钮就能出现新建的文件和文件夹，效果如图 8-18 所示。

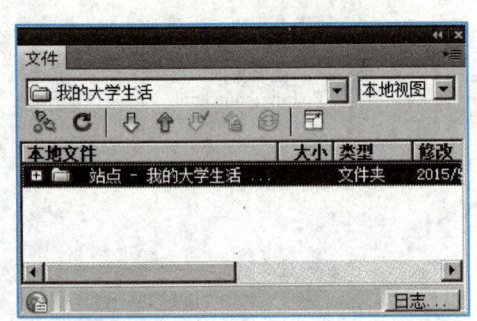

图 8-17 创建了站点的"文件"面板

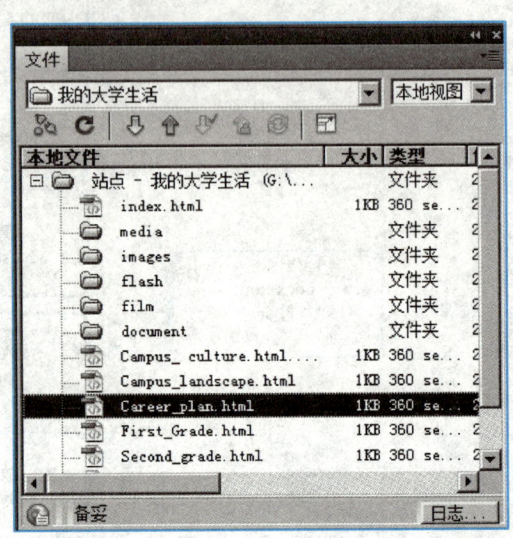

图 8-18 新建文件和文件夹效果图

4. 复制素材到新建的站点

将收集到的素材复制到新建站点的相应目录中，如表 8-1 所示。

表 8-1 素材的整理

根目录	文件夹及文件名称	内容
G：/MYWEB	images	主要存放网站中使用到的图片
	music	主要存放网站中使用到的声音文件
	flash	主要存放网站中使用到的 Flash 动画
	film	主要存放推荐的影片海报图
	document	主要存放网站中的文档文件，比如 Word 文件、txt 文件或电子表格文件等
	css	存放制作网站过程中所定义的 CSS 文件
	index.html	网站的主页
	Campus_culture.html	呈现校园文化的网页
	……	……
	good_film.htm	好的电影推荐网页（一般是影片的简介及内容概要）

5. 管理定义好的站点项目

如果要对所建立的站点进行修改,可以单击"站点"→"管理站点"命令,弹出如图 8-19 所示对话框,选中站点名称,然后单击"编辑"按钮将再次弹出"站点设置对象"对话框,进行修改设置。当然,在"管理站点"对话框中还可以对站点进行复制、删除等其他操作。

6. 网页布局规划

绘制网站各个网页的版面设计草图,如图 8-20 所示。

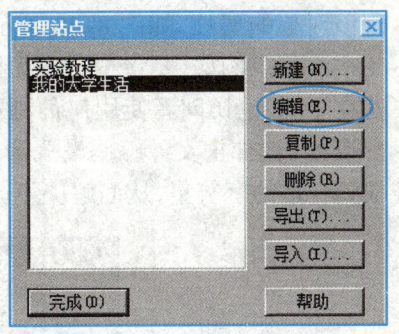

图 8-19 "管理站点"对话框

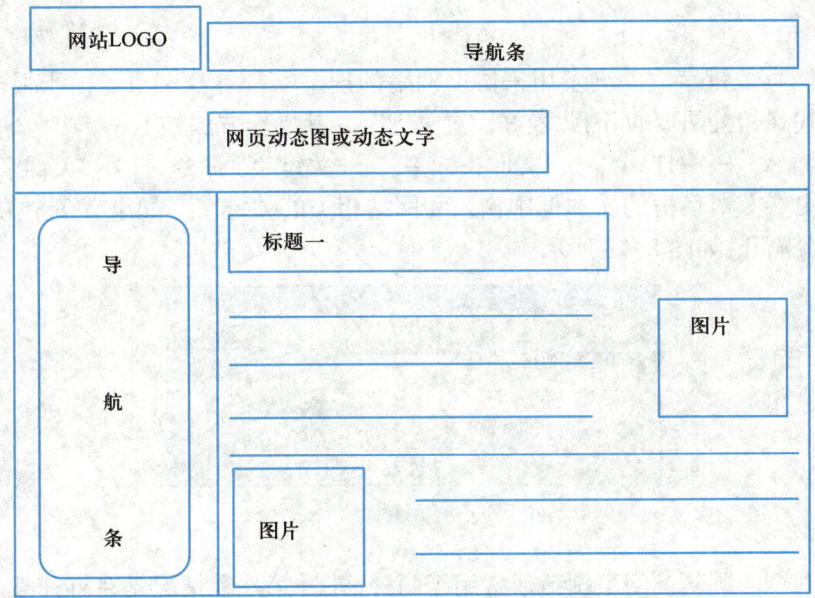

图 8-20 网页版面布局草图

7. 设置文件头

以设计主页(首页)index.html 为例进行操作。

(1)在站点文件列表中双击 index.html,打开该网页。

(2)设置文档标题。默认情况下,Dreamweaver 中新建文件的标题为"无标题文档"。将光标定位到文档工具栏中的"标题",将标题中的内容改为"本站主页",如图 8-21 所示。

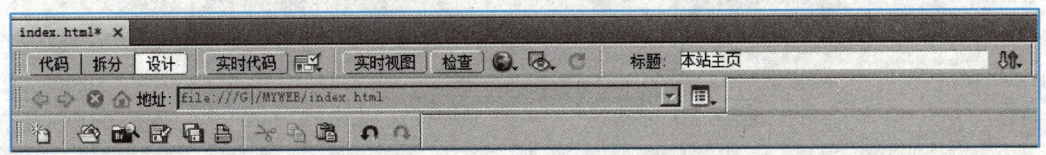

图 8-21 修改网页标题

(3)设置网页的编码。在"设计"视图下单击"查看"→"文件头内容"命令,将在编辑窗口的工具栏下方显示文件头窗口,选择第一个图标 ,在打开的"属性"面板上可以查看并修改该对象的属性,如图 8-22 所示。如果要修改网页的编码类型,只需修改"内容"文本框内的 charset 值。例如,要将编码设为繁体中文编码 big5,只需设置 charset=big5 即可。设置编码的好处在于,不论访问者使用何种浏览器,也不论是中文版还是英文版,都不必对浏览器进行任何语言设置(比如把文件编码设置为简体中文),浏览器打开该网页时就会根据该对象中的设定自动找到合适的字符集,从而解决不同语种间的网页不能正确显示的问题。

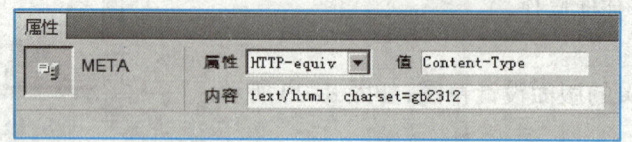

图 8-22　查看或设置网页编码

（4）定义网页关键字。关键字用来协助网络的搜索引擎寻找网页。由于很多来访者都是通过搜索引擎找到相关网页的,因此最好设置关键字。其操作方法如下。

① 单击"插入"→"HTML"→"文件头标签"→"关键字"命令,打开"关键字"对话框。

② 在"关键字"对话框的文本框中输入和网站相关的关键字。如果有多个关键字,可以用逗号将关键字分隔开,如图 8-23 所示。

图 8-23　"关键字"对话框

（5）设置网页的刷新。网页刷新通常用于两种情况:第一种情况是在打开某个网页后的若干秒内,让浏览器自动跳转到一个新网页;第二种情况是用于需要经常刷新的网页(如聊天室内显示留言的页面),可以让浏览器每隔一段时间自动刷新自身网页。其操作方法如下。

① 单击"插入"→"HTML"→"文件头标签"→"刷新"命令,打开"刷新"对话框,如图 8-24 所示。

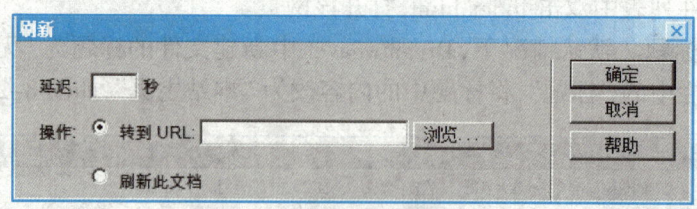

图 8-24　"刷新"对话框

② 在"刷新"对话框中若选择"转到 URL：",则在后面文本框中输入相关网页网址;若选择"刷新此文档",则浏览时会刷新本网页。

（6）可以通过单击"插入"→"HTML"→"文件头标签"命令来设置说明文字,查看代码及删除头对象。

8. 设置网页属性

单击"属性"面板中的"页面属性"按钮,弹出如图 8-25 所示的"页面属性"对话框。可在该对话框中设置网站的常规设置,例如,页面字体、网页背景色、背景图像等。

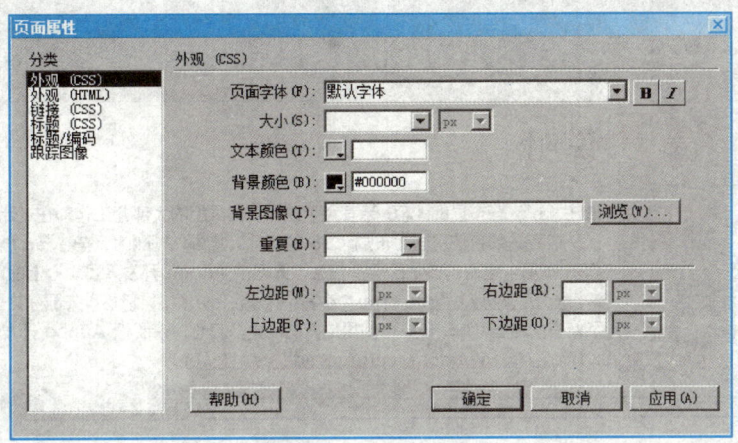

图 8-25 "页面属性"对话框

9. 创建简单网页

(1)单击"文件"→"新建"命令,启动"新建文档"向导,依次选中"空白页""HTML""2 列固定,左侧栏、标题和脚注"选项,如图 8-26 所示,单击"创建"按钮,完成页面创建,如图 8-27 所示。将页面保存为 index0.html 文件,保存路径为 D:\MYWEB\Experiment1。保存完后可在面板组中的"文件"标签栏中查看新创建的页面文件。

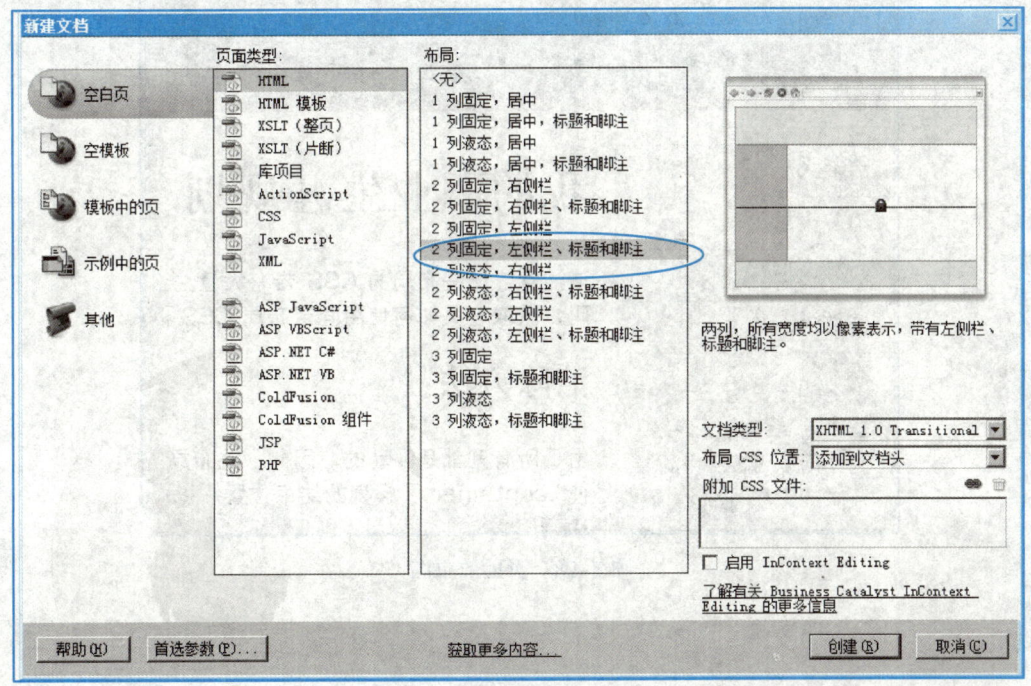

图 8-26 "新建文档"对话框

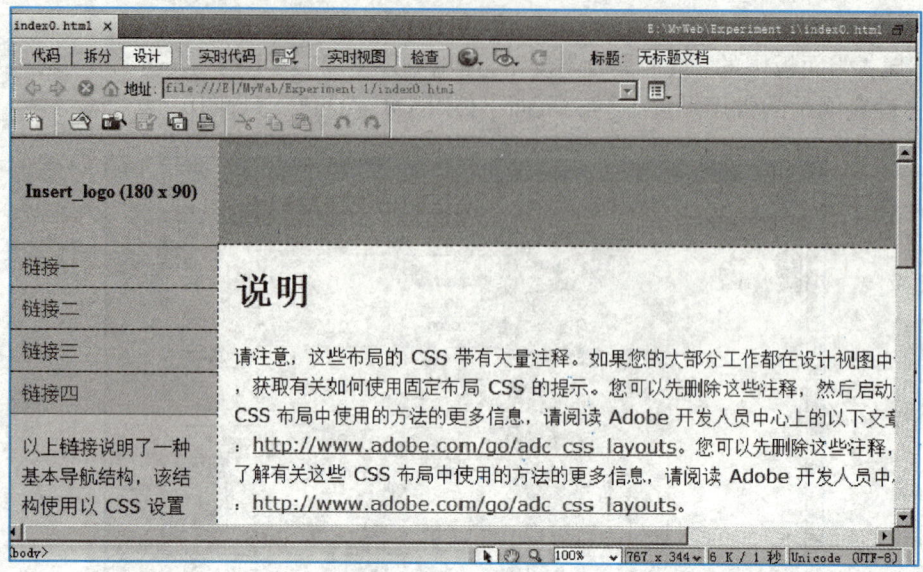

图 8-27 新创建的页面

（2）在图 8-27 中的 "Insert_logo（180×90）" 区域，按 Delete 键删除，输入文字 "丰富多彩的大学生活"，再分别选中 "链接一" "链接二" "链接三" "链接四" 4 个超链接，然后输入文字信息。将文字 "说明" 改为 "我的职业生涯规划"，适当删除页面中的其他文字。

（3）保存页面文件，按 F12 键预览网页效果，如图 8-28 所示。

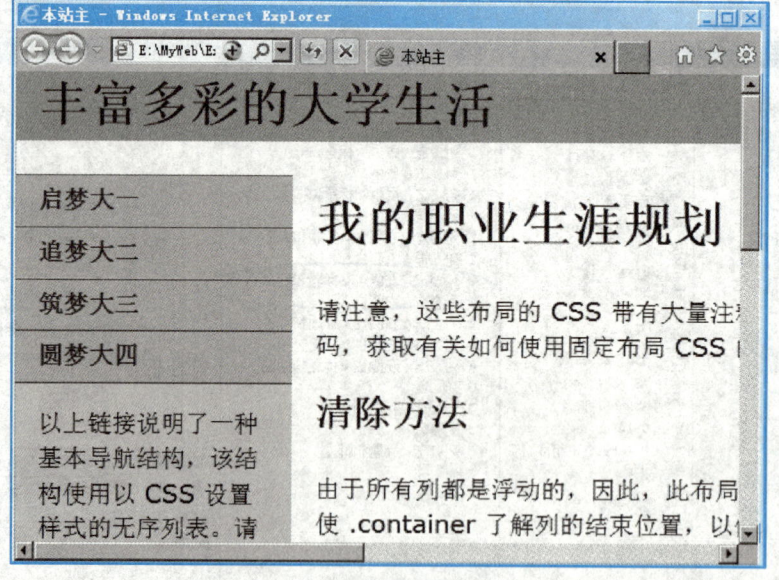

图 8-28 页面效果图

8.3 网页制作（一）

一、实验目的

1. 掌握网页中插入文本和图像的方法。
2. 掌握"插入"面板中的"属性"面板的使用以及设置网页元素格式的方法。
3. 掌握不同类型超链接的设置与使用方法。

二、实验内容

1. 网页中文字与图像的使用。
2. 超链接的设置。

三、实验步骤

1. 网页中文字与图像的使用

（1）启动 Dreamweaver CS5，单击"文件"→"新建"命令，在"新建文档"对话框中选择"空白页"选项，页面类型为 HTML，单击"创建"按钮，生成一个空白网页，并将其保存为 photo.html。

（2）在"属性"面板中单击"页面属性"按钮，弹出"页面属性"对话框，在"外观（CSS）"类别中设置"背景图像"为 bg.gif，如图 8-29 所示。

> 素材：
> bg.gif

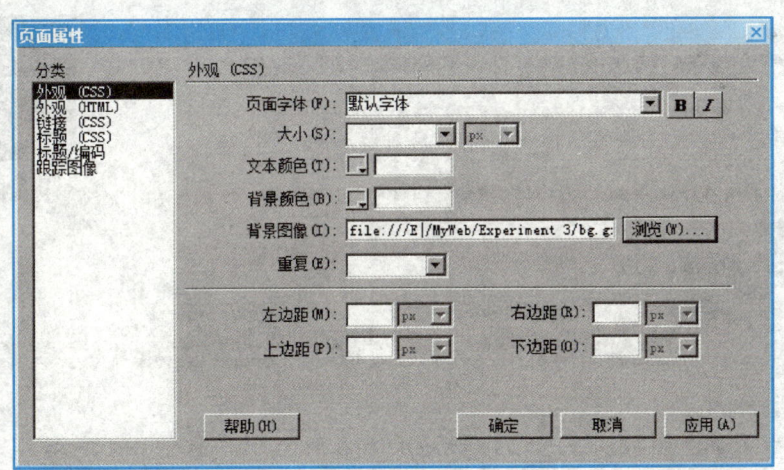

图 8-29 设置网页的背景图

（3）打开素材文件 photo.txt，复制所有的文本内容。在 photo.html 网页文件中，在网页空白处粘贴所选的文本内容，其效果如图 8-30 所示。

（4）参考图 8-31 所示的图标说明，在"属性"面板中单击 `<> HTML` 按钮分别设置相应的文本格式：标题 1、标题 2、标题 3 及段落。

> 素材：
> photo.txt

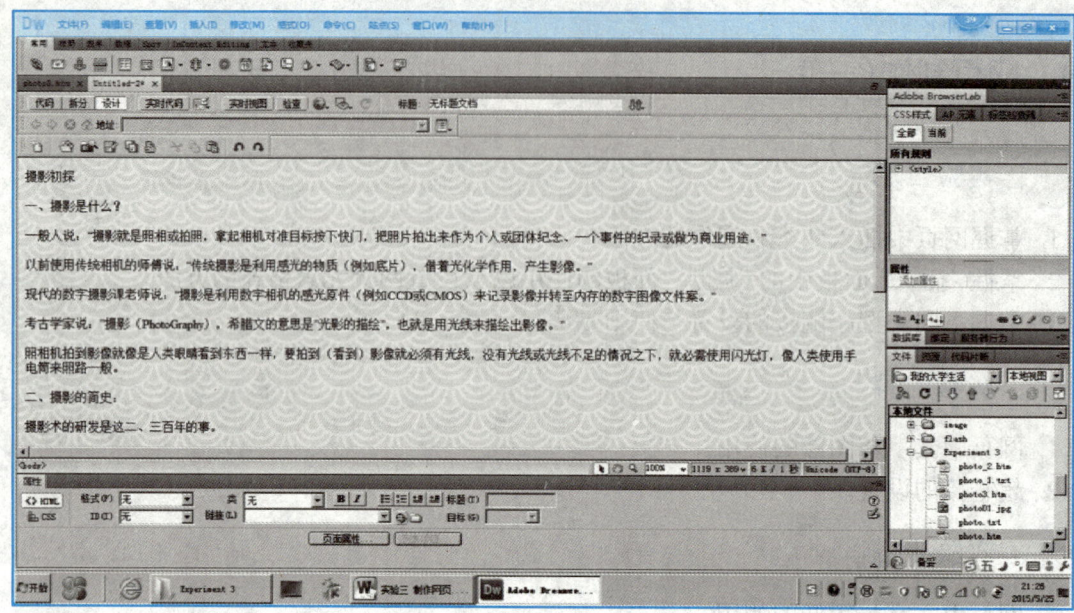

图 8-30　插入文本内容

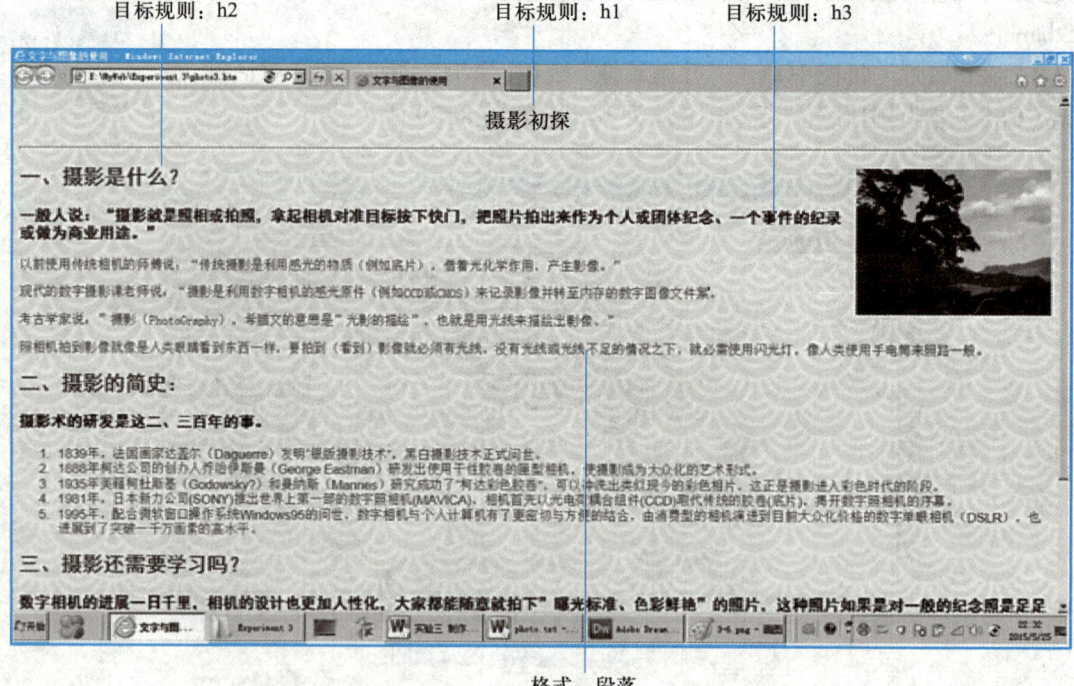

图 8-31　样文标识

（5）选中"二、摄影的简史："下方的段落文字，在"属性"面板单击"编号列表"按钮，加入列表编号。

（6）更改标签标题（h1、h2、h3）、段落（P）及编号列表（Li）的样式。操作方法如下。

① 在"属性"面板中单击 CSS 按钮，在"目标规则"下拉列表中选择"新 CSS 规则"选项，再单击"编辑规则"按钮，弹出"新建 CSS 规则"对话框，并按图 8-32 所示顺序进行设置。

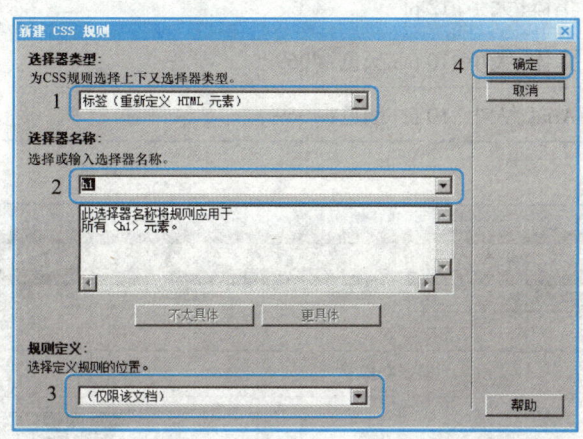

图 8-32 "新建 CSS 规则"对话框

② 在图 8-32 中单击"确定"按钮后，弹出"h1 的 CSS 规则定义"对话框，在该对话框中设置标签 h1 的格式：字体为黑体，大小为 18 pt，颜色为 #F00，如图 8-33 所示。同理为 h2、h3、P、Li 设置相应的格式。

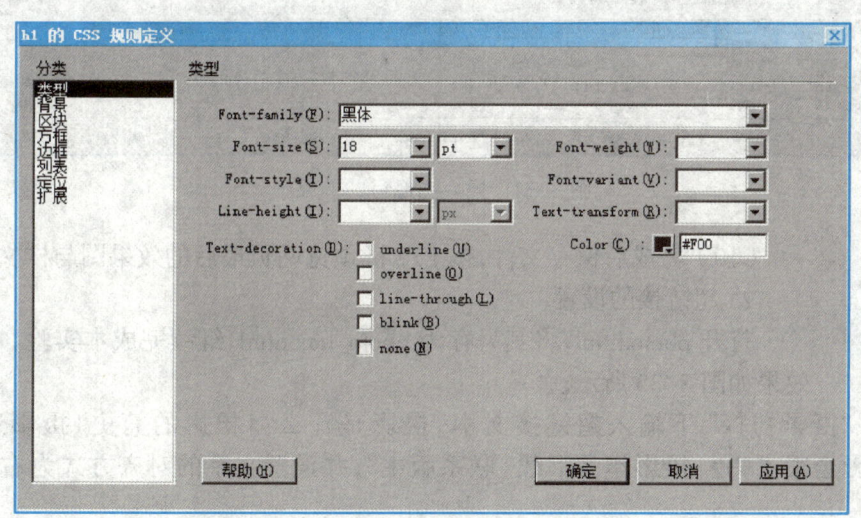

图 8-33 "h1 的 CSS 规则定义"对话框

（7）参考表 8-2 的样式设置 CSS 规则，并应用在指定标签上。

（8）设置标题文字居中对齐，再将插入点移到"一、摄影是什么？"最前方，插入一条水平线。

（9）将插入点定位到"一、摄影是什么？"，插入图像 photo01.jpg，在"属性"面板中进行设置："替换"属性为"摄影初探"，"对齐"属性为"右对齐"。效果如图 8-34 所示。

表 8-2 CSS 规则设置要求

目标规则	设置内容
h2	字体：黑体；大小：16 pt；颜色：#F06
h3	字体：黑体；大小：12 pt
P	字体：宋体；大小：10 pt；颜色：#069
Li	字体：Arial；大小：10 pt；颜色：#069

图 8-34 插入图像后的效果图

素材：
photo1.jpg

（10）完成后保存文件，按 F12 键预览网页最后的效果图与样文是否一致。

2. 超链接的设置

打开 photo.html，将其另存为 photo_hox.html，继续完成本实验。操作完成后效果如图 8-35 所示。

（1）在"摄影初探"下输入超链接文本"摄影是什么？|摄影的简史|摄影还需要学习吗|学习摄影会很难吗？|摄影作品下载|联系版主"，并设置文字的对齐方式为右对齐，黑体，18 号字。

（2）选中水平线并在标签检查器中设置其属性值，如图 8-36 所示。

（3）在文章每个标题的末尾段落添加一个按钮图标 top.gif。

（4）定义网页顶端锚记。将光标定位在网页右上角的 6 个主题之前，单击"插入"→"命名锚记"命令，在弹出的"命名锚记"对话框中输入"top"，如图 8-37 所示，单击"确定"按钮，即在光标位置处插入了一个锚记标记（图标为 ）。

8.3 网页制作（一）

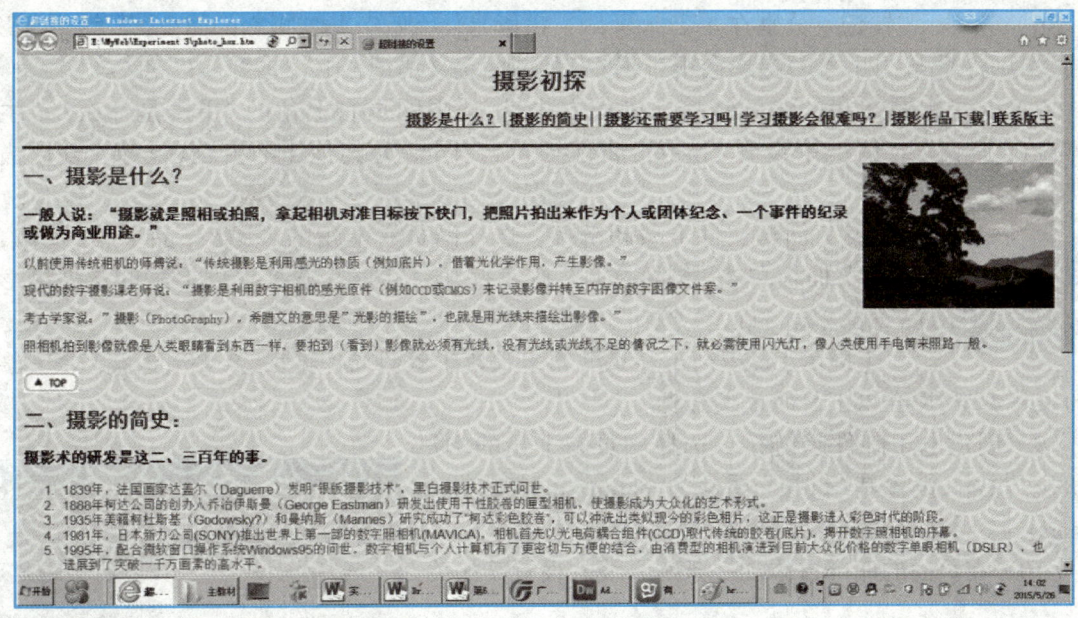

图 8-35 设置超链接后的页面效果图

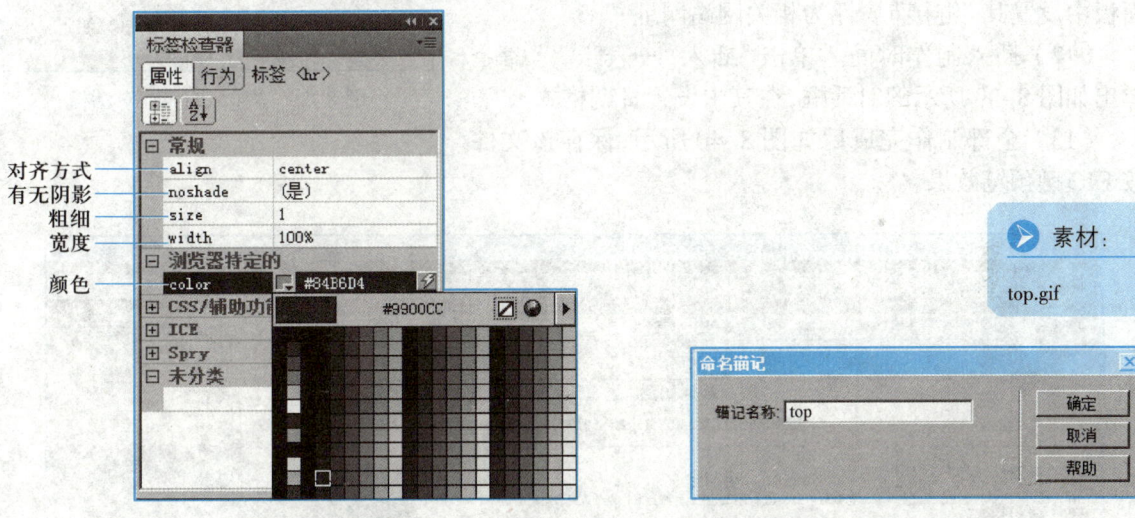

图 8-36 标签检查器　　　　　　　　　图 8-37 "命名锚记"对话框

（5）设置图片的锚记链接。分别选中要设置链接的 4 个 top 图像，在"属性"面板中设置"链接"属性均为"#top"，如图 8-38 所示，从而完成图像的锚点链接。

图 8-38 设置 top 图像的锚点链接属性

（6）定义标题锚记。分别在4个标题"一、摄影是什么？""二、摄影的简史：""三、摄影还需要学习吗？"与"四、学习摄影会很难吗？"的前面定义锚记"s1""s2""s3"和"s4"。

（7）创建主题文字的锚记链接。操作方法是，选中网页右上角的"摄影是什么？"主题文本，在"属性"对话框中设置"链接"属性为#s1。同理为其他3个主题（文字）设置锚记链接。

> 素材：
> 摄影作品 .zip

（8）创建文件下载超链接。选择网页右上角的"摄影作品下载"文本，在"属性"面板单击"浏览文件"按钮打开对话框。选择提供下载的文件摄影作品 .zip，单击"确定"按钮。

【提示】exe 与 zip 是最常用来设为下载的文件类型，只要浏览器无法直接打开的文件类型，即会以下载的方式呈现。

（9）创建电子邮件超链接。选择网页右上角的"联系版主"文本，设置其"链接"属性为 mailto：465896700@qq.com。

（10）在页面的底部再添加一条水平线并设置其相关属性。

（11）输入文字"友情链接：色影无忌"，并在"属性"面板中设置其"链接"属性为相关网站网址。

（12）插入制作时间。单击"插入"→"日期"命令，弹出如图 8-39 所示的对话框，在其中设置日期格式。

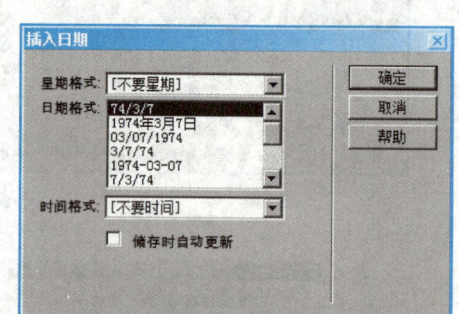

图 8-39 "插入日期"对话框

（13）全部制作完成后如图 8-40 所示，保存该文件，按 F12 键预览效果。

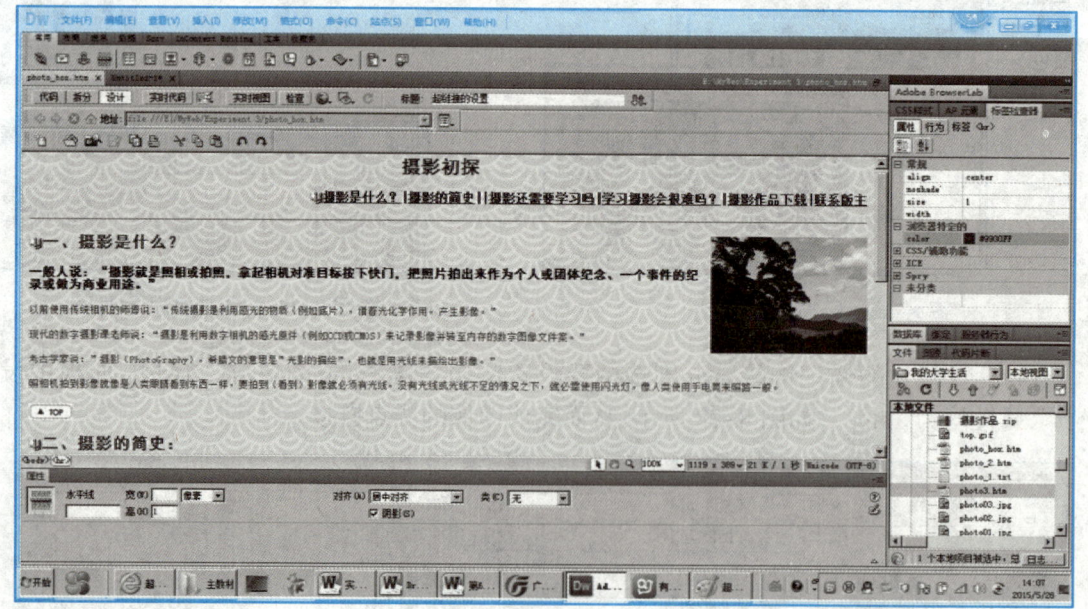

图 8-40 完成效果图

8.4 网页制作（二）

一、实验目的

1. 掌握在网页中插入 Flash 动画的方法。
2. 掌握为网页设置背景音乐的方法。
3. 掌握在网页中插入视频动画的方法。
4. 掌握制作滚动字幕等方法，达到美化网页并增加网页动感的目的。

二、实验内容

1. 插入 Flash 动画。
2. 创建滚动字幕。
3. 添加网页的背景音乐。
4. 插入 FLV 视频。

三、实验步骤

新建或打开某个网页文件。

1. 插入 Flash 动画

（1）将光标放在要插入动画的位置上，单击"插入"→"媒体"→"FLV"命令，打开对话框，选择 SWF 格式文件，单击"确定"按钮，即可实现 Flash 动画的插入。

（2）选中此对象，在"属性"面板中设置它的高度和宽度。如果想预览效果，还可以单击"属性"面板上的"播放"按钮观看效果。

2. 创建滚动字幕

（1）将光标放在要插入动画的位置上，切换到"代码"视图，输入 <marquee> 滚动的文字 </marquee>（例如，输入 <marquee> 欢迎光临昆明学院 </marquee>，将创建"欢迎光临昆明学院"的滚动字幕效果）。

（2）单击"窗口"→"标签检查器"命令，打开"标签"面板，可在其中设置 marquee 标签的各种属性，设置完成后，保存网页，按 F12 键在浏览器中查看字幕滚动效果。如果速度、方式、尺寸等有任何问题，可以再次返回标签检查器中重新设置相关属性。

3. 添加网页的背景音乐

（1）将光标放在要插入音乐的位置上，单击"插入"→"媒体"→"插件"命令，打开对话框，选择相应的声音文件后单击"确定"按钮即可实现将音频文件插入页面中。

（2）设置该声音文件隐藏及永久播放。选择插入的音频文件，在"属性"面板中单击"参数"按钮，打开如图 8-41 所示对话框，设置参数与值（可以使用 + 与 – 按钮来新建或删除参数项），然后单击"确定"按钮。当然也可以通过在"标签检查器"中设置相应的属性值来完成。完成设置后单击"文件"→"保存"命令，按 F12 键浏览网页，将在画面上看不到播放控制区，而页面却会永久播放所插入的音乐。

素材：
niceview.swf
songbird.mp3

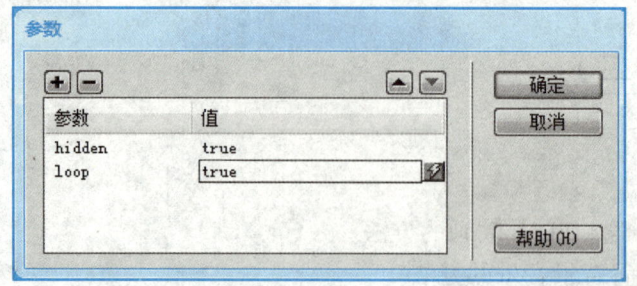

图 8-41 "参数"对话框

4. 插入 FLV 视频

将光标置于存放视频的位置,单击"插入"→"媒体"→FLV 命令,打开如图 8-42 所示的对话框,选择相应的 FLV 格式的视频并设置相关属性后,单击"确定"按钮即可。当然也可以事后在"属性"面板中重新设置相关的属性值。

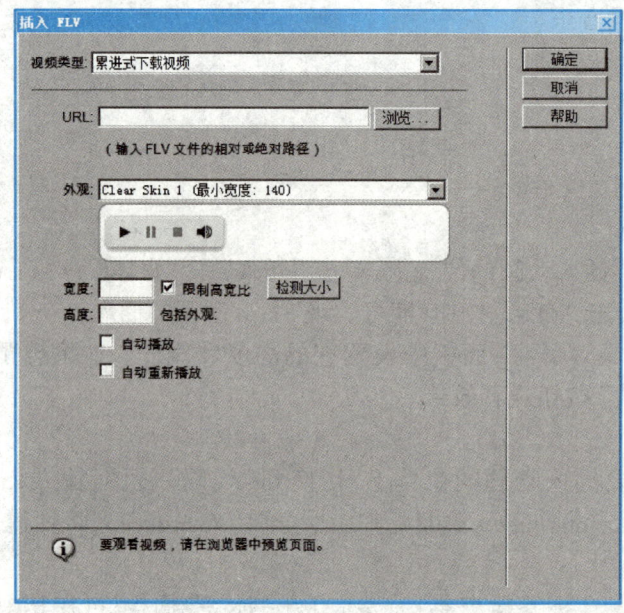

图 8-42 "插入 FLV"对话框

8.5 规划网页布局

一、实验目的

1. 掌握表格的基本操作方法。
2. 掌握表格及单元格的设置方法。
3. 掌握表格的布局技巧。
4. 掌握在网页中插入文本,并设置文本格式的方法。

5. 掌握在网页中插入图像,并设置图像格式的方法。
6. 掌握使用框架布局网页的方法。

二、实验内容

素材：
source 文件夹

参照效果页(如图 8-43 所示),根据要求制作网页。

图 8-43 网页最终效果图

三、实验步骤

1. 使用表格规划网页布局

(1)启动 Dreamweaver 后,单击"文件"→"新建"命令,在"新建文档"窗口中选择"空白页"选项,页面类型为"HTML",单击"创建"按钮,即创建了一个名为"Untitled-1.html"的网页。

(2)在"文档"标题栏中,设置标题为"表格规划网页布局示例"。

(3)单击"插入"→"表格"命令,弹出"表格"对话框,在"行数"文本框中输入"2",在"列"文本框中输入"2",在"表格宽度"文本框中输入"100",在其后的下拉列表框中选择"百分比"选项,并设置其他属性为 0,如图 8-44 所示。

(4)单击"确定"按钮,即在网页中插入一个如图 8-45 所示的表格。

(5)为便于查看插入的表格,可将鼠标移动到表格的下方,当鼠标光标变为 ⇹ 形状时按住鼠标左键不放,将其向下拖动调整表格的显示高度。

(6)将鼠标定位到第 1 行第 1 列单元格中,单击"插入"→"图像"命令,在弹出的对话框中选择本实验提供的 source 文件夹中的图片 logo.jpg,用同样方法在第 1 行第 2 列单元格中插入图片 menu.jpg。效果如图 8-46 所示。

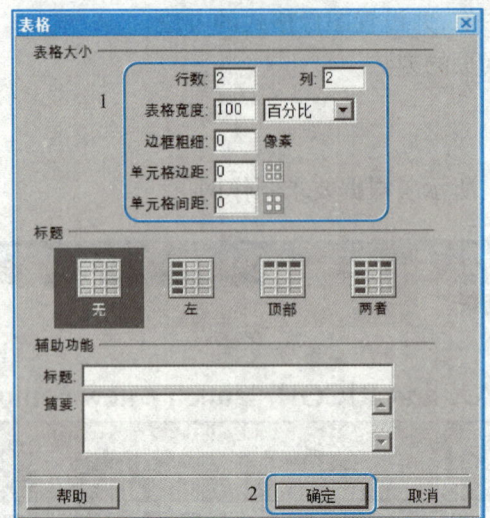

图 8-44 "表格"对话框

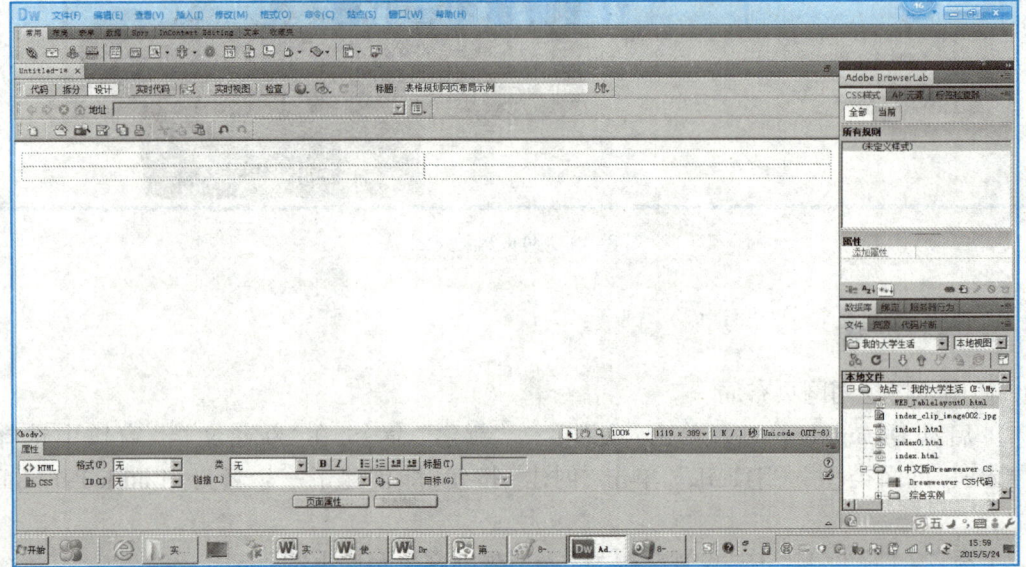

图 8-45 在页面中插入表格

图 8-46 插入图片的效果图

（7）选中表格第 2 行的所有单元格，然后右击，在弹出的快捷菜单中选择"表格"→"合并单元格"命令，完成单元格的合并。也可以在"属性"面板中单击 按钮来完成，合并后效果如图 8-47 所示。

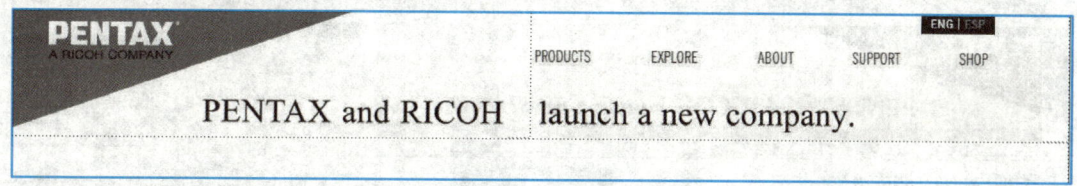

图 8-47　合并单元格

（8）将鼠标置入合并的单元格中，单击"插入"→"表格"命令，在该单元格中插入一个 1 行 6 列的嵌套表格，该表格的边框粗细为 1，单元格间距及单元格填充设置为 0，表格宽度为 100%。

（9）在步骤（8）插入的嵌套表格中输入文本内容：Products、Explore、About、Support、Shop、Login，并用鼠标拖动调整单元格的大小（宽度），完成后用鼠标拖动选中页面中所有单元格的文本元素，打开"属性"面板，在"格式"列表中选择"标题 1"选项，在"水平"列表中选择"居中对齐"选项，单击"背景颜色"按钮 ，设置相应的背景色，如图 8-48 所示。

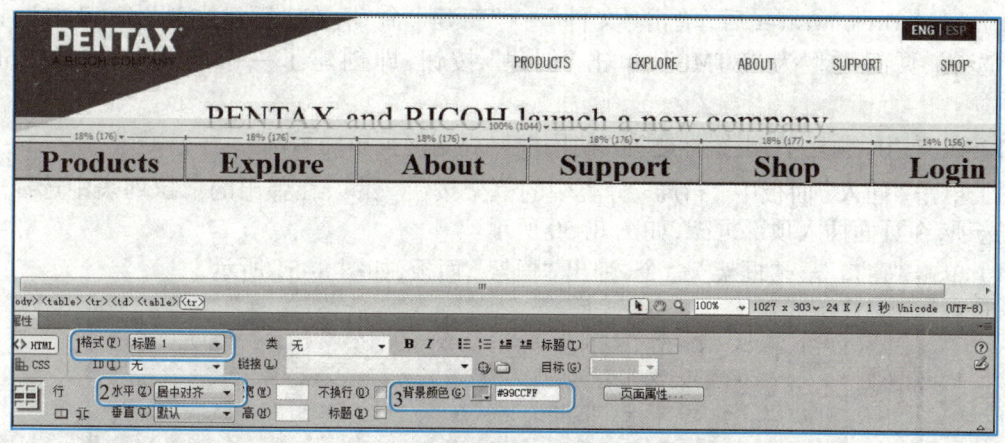

图 8-48　设置文本的相关属性

（10）参照以上操作步骤，在页面表格的下方插入一个 1 行 1 列的表格，并在表格中插入网页内容 TableLayouts content.jpg。插入后效果如图 8-49 所示。

（11）单击"文件"→"保存"命令保存当前文档（文件名为 WEB_Tablelayout.html）后，按 F12 键，在浏览器中预览网页文档，观察效果是否与样文图 8-43 所示相同。

2. 使用框架规划网页布局

框架页面是通过框架将网页分成多个独立的区域，在每个区域中可以单独显示不同的网页内容，每个区域能够独立翻滚。正是基于框架页面的这种特点，使用框架可以极大丰富网页设计的自由度，在不同的页面部分设置不同的网页属性，尤其是对于页面间的链接，可以使网页的结构变化自如。

图 8-49　插入网页内容元素

在上例中,也可以用框架来实现网页的布局,操作如下。

(1) 启动 Dreamweaver 后,单击"文件"→"新建"命令,在"新建文档"窗口中选择"空白页"选项,页面类型为"HTML",单击"创建"按钮,即创建了一个名为 Untitled-1.html 的网页。

(2) 在文档标题栏中,设置标题为"使用框架规划网页布局示例"。

(3) 单击"插入"面板中"布局"分类中的框架按钮 ▣▾ ,在弹出的下拉列表中选择"顶部框架"选项,在页面插入顶部框架,如图 8-50 所示。

(4) 单击"窗口"→"框架"命令,弹出"框架"面板,如图 8-51 所示。

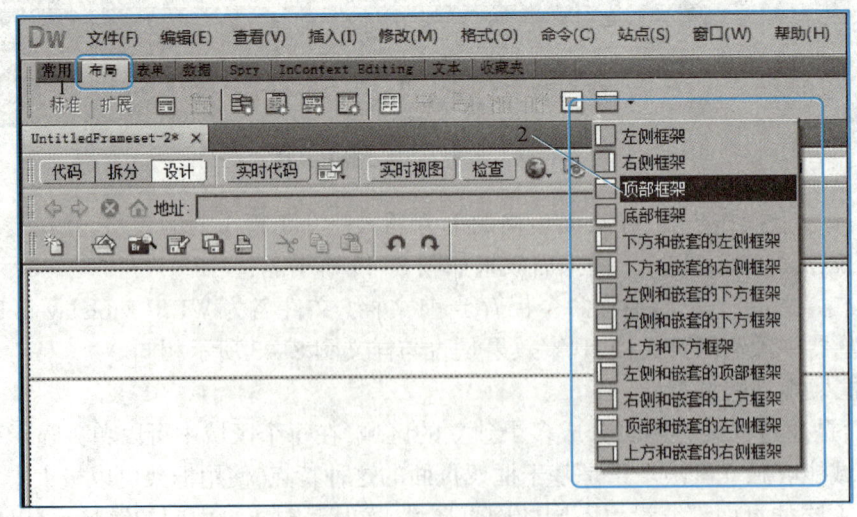

图 8-50　插入顶部框架

（5）将鼠标定位到顶部的框架页 topFrame 中，单击"插入"→"表格"命令，打开"表格"对话框，插入一个 2 行 2 列的表格。

（6）合并表格第 2 行中的所有单元格，在合并的单元格中插入一个 1 行 6 列的表格。

（7）参照上例，在表格的各个单元格中添加图片或文本标识，并设置相应的属性。

（8）将鼠标指针定位到框架页面下方的框架页 mainFrame 中，然后参考以上操作步骤在页面中插入 1 行 1 列表格及页面元素，其效果如图 8-52 所示。

图 8-51 "框架"面板

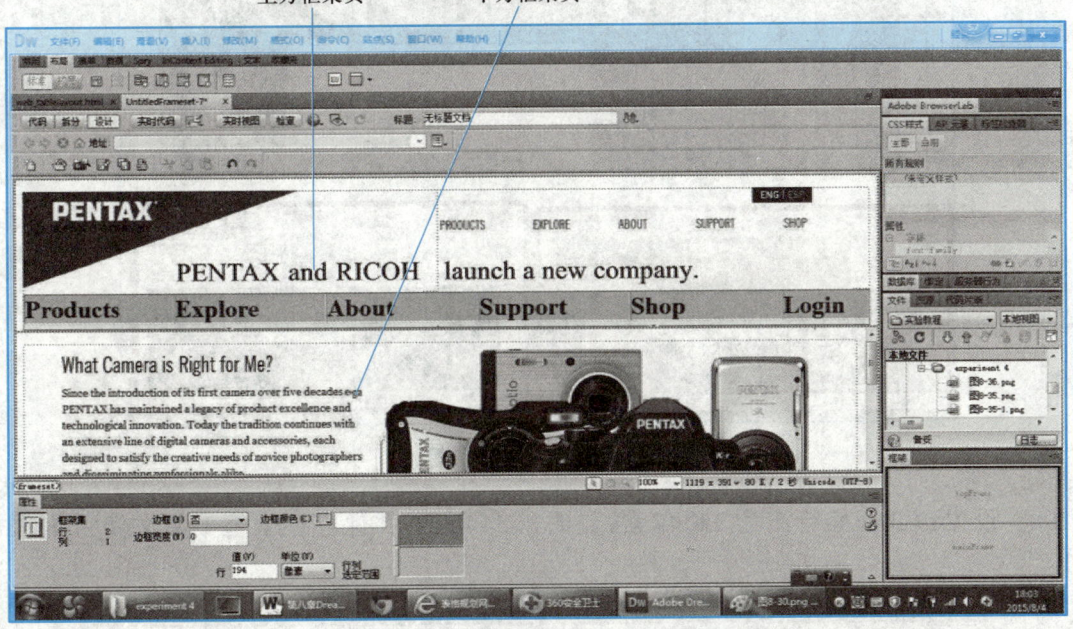

图 8-52 插入所有网页元素后的框架网页

（9）完成以上操作后，单击"文件"→"保存全部"命令，将所有框架网页文件保存，有 3 个网页文件：框架集网页（Web_dFrameset.html）、框架 mainFrame 所对应的网页（Web_dFrameset_bottom.html）和框架 topFrame 对应的网页（Web_dFrameset_top.html），最后按 F12 键，即可在浏览器中预览到其网页效果。

3. 框架网站的制作

按照图 8-53 完成 "KNOWLEDGE 宇宙与太阳系" 网站的制作。

操作步骤如下。

（1）提供的素材文件有 001.html、002.html 以及 top.html（在 source 文件夹中）。

（2）新建一个空白网页文件。

（3）单击"插入"面板中"布局"分类中的框架按钮 ，在弹出的下拉列表中选择"顶部框架"选项，在页面插入顶部框架。

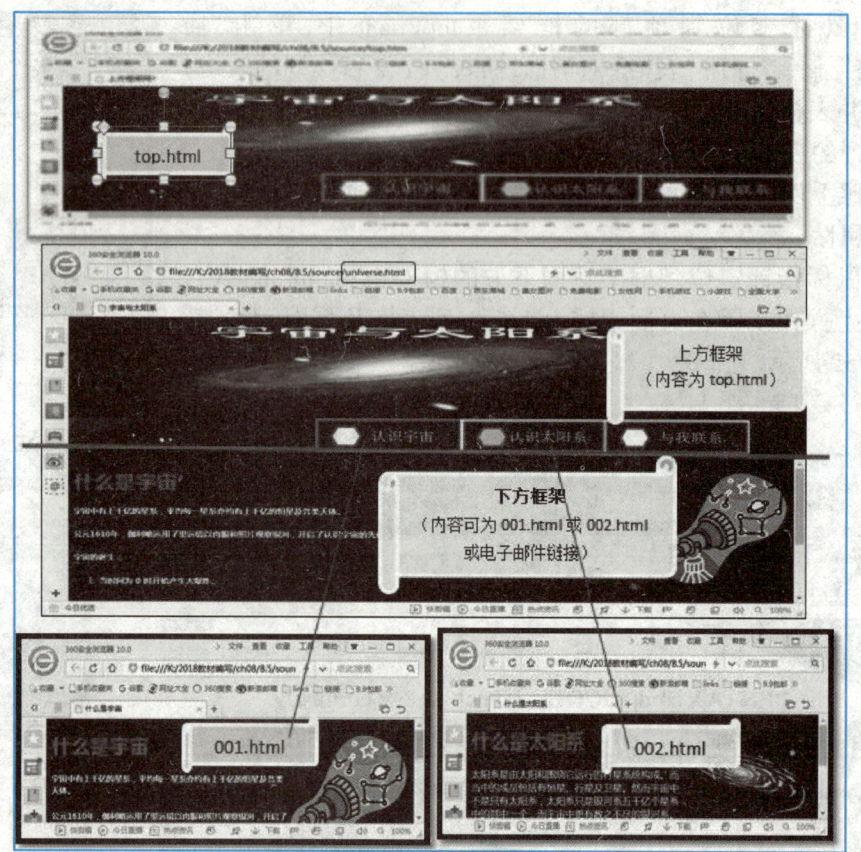

图 8-53 效果示意图

（4）设置顶部框架行高为 250 像素，如图 8-54 所示，并保存整个框架集文件为 universe.html。

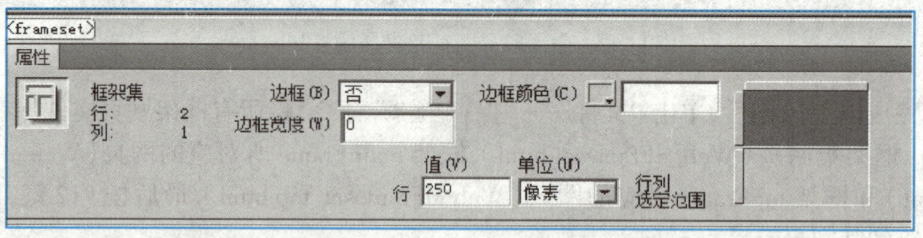

图 8-54 框架集"属性"面板

（5）选择顶部框架，并在"属性"面板中指定"源文件"为"top.html"，"滚动"属性为"否"，如图 8-55 所示。

（6）指定下方框架，并在"属性"面板中指定"源文件"为"001.html"，"滚动"属性为"默认"，如图 8-56 所示。

（7）在各个图标按钮上设置超链接与目标，如图 8-57~图 8-59 所示。

图 8-55 顶部框架"属性"面板

图 8-56 下方框架"属性"面板

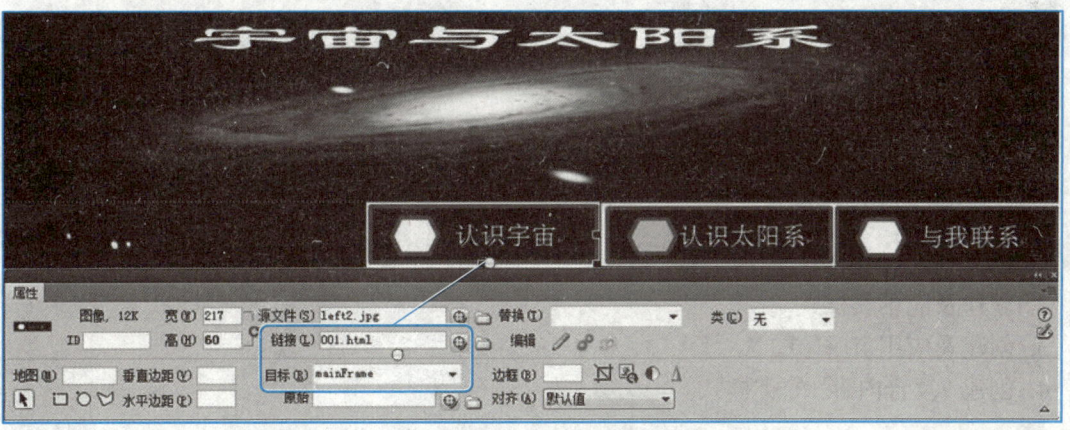

图 8-57 设置"认识宇宙"超链接

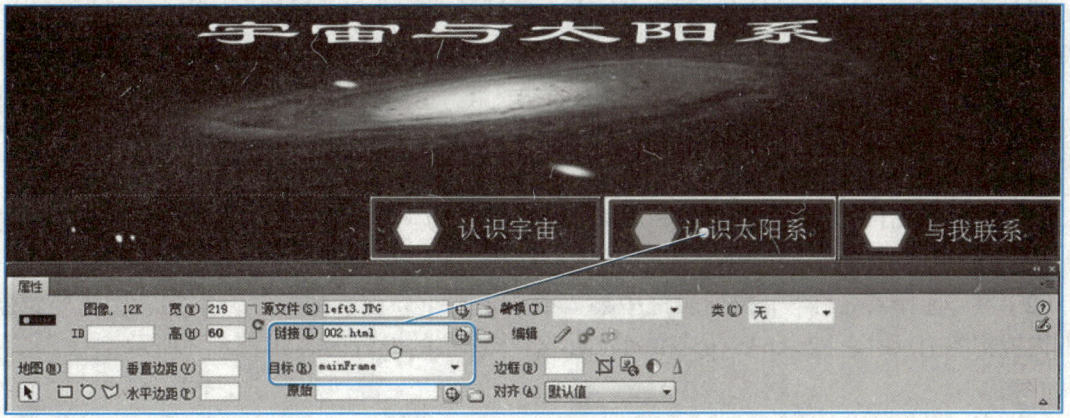

图 8-58 设置"认识太阳系"超链接

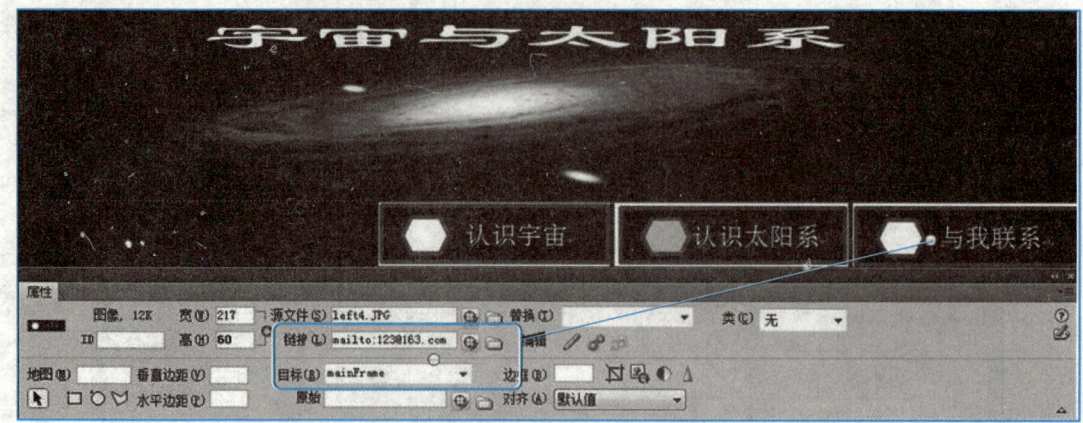

图 8-59　设置"与我联系"超链接

8.6　CSS 的设计

一、实验目的

掌握使用 CSS 完成网页元素的统一格式设置方法。

二、实验内容

1. 定义内定标签样式。
2. 创建及应用类样式。
3. 创建及应用 ID 样式。
4. 创建"复合内容"的类样式。

三、实验步骤

启动 Dreamweaver CS5,打开素材 tokyo.htm。打开"新建 CSS 规则"对话框,在"CSS 样式"面板(图 8-60)中,单击面板右下角的"新建 CSS 规则"按钮 ,打开"新建 CSS 规则"对话框,如图 8-61 所示。也可以在"属性"面板中单击 CSS 按钮,再单击"编辑规则"按钮,或单击"格式"→"CSS 样式"→"新建"命令均可打开"新建 CSS 规则"对话框。

1. 定义内定标签样式

(1)在图 8-61 所示的"新建 CSS 规则"对话框中的"选择器类型"下拉列表框中选择"标签(重新定义 HTML 元素)"选项。

(2)在"选择器名称"下拉列表框中输入或指定要重新设置的标签。本实验中需要重新设置的内置标签有 <h1><h2><h3><p> 和 <body>,各个标签的设置内容如表 8-3 所示。

8.6 CSS 的设计

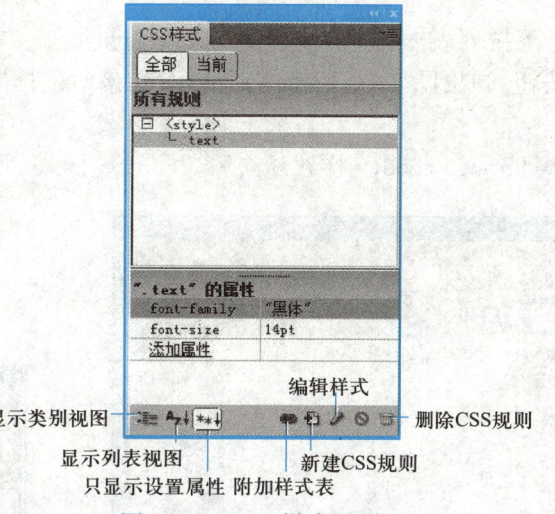

> 素材：
>
> tokyo.htm

图 8-60 "CSS 样式"面板

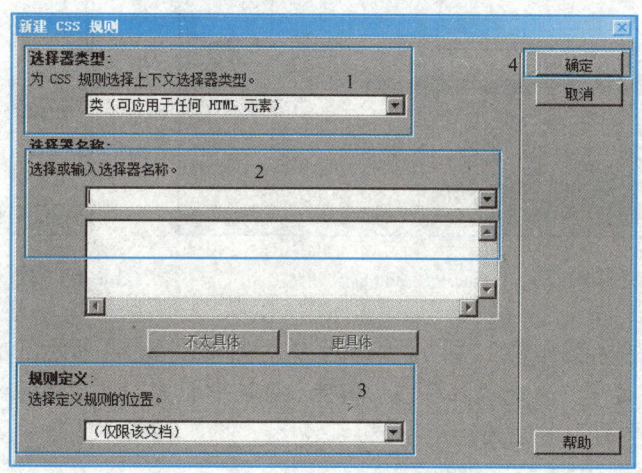

图 8-61 "新建 CSS 规则"对话框

表 8-3 各个标签的设置内容

样式名称	分类	设置内容
h1	类型	Font-family：黑体，宋体，Arial；Font-size：18pt；Line-height：50 px；Color：#FFF
	背景	Background-image：banner.gif；Background-repeat：no-repeaat；Background-position（X）：left；Background-position（Y）：center
	方框	取消选择 Padding\"全部相同"选项；Padding\Left：50 px
h2	类型	Font-size：14 pt；Color：#C00
h3	类型	Font-family：黑体，宋体，Arial；Font-size：12 pt；Color：#FFF
	背景	Background-color：#066
	方框	Width：200 px；Height：20 px；取消选择 Padding\"全部相同"选项；Padding\Top：5 px；Padding\Bottom：5 px；Margin 取消选择"全部相同"选项；Margin\Top：50 pt
p	类型	Font-family：黑体，宋体，Arial；Font-size：10 pt；Line-height：20 px；Color：#333
body	背景	Background-color：#CCF；Background-image：bg01.gif；Background-repeat：no-repeaat；Background-position（X）：right；Background-position（Y）：30 px

（3）在"规则定义"下拉列表框中选择"新建样式表"选项。

（4）单击"确定"按钮，弹出图 8-62 所示的对话框，在该对话框中指定样式表存放的位置，并把它保存为 tokyo.css。

（5）完成 <h1><h2><h3><p><body> 样式建立后，其"CSS 样式"面板如图 8-63 所示。

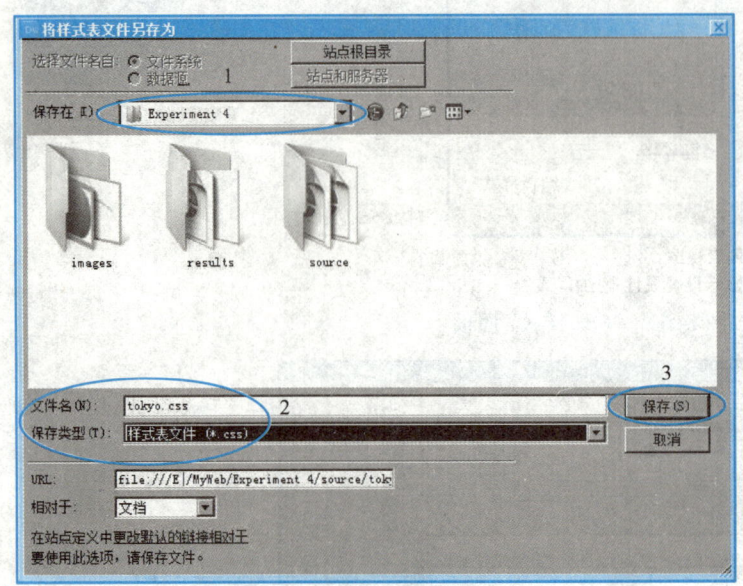

图 8-62 "将样式表文件另存为"对话框

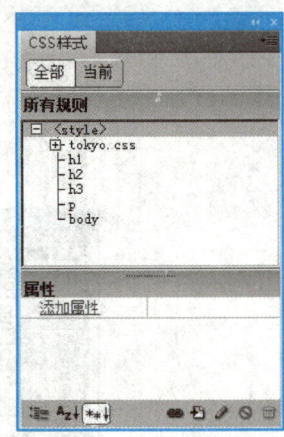

图 8-63 定义后的"CSS 样式"面板

（6）应用所定义的标签样式。在网页编辑区中指定如图 8-64 所示的文字格式。

【提示】在网页中选中"边走边拍"，在"属性"面板中指定所定义的标签样式，如图 8-65 所示。同理设置其他文字的标签应用。

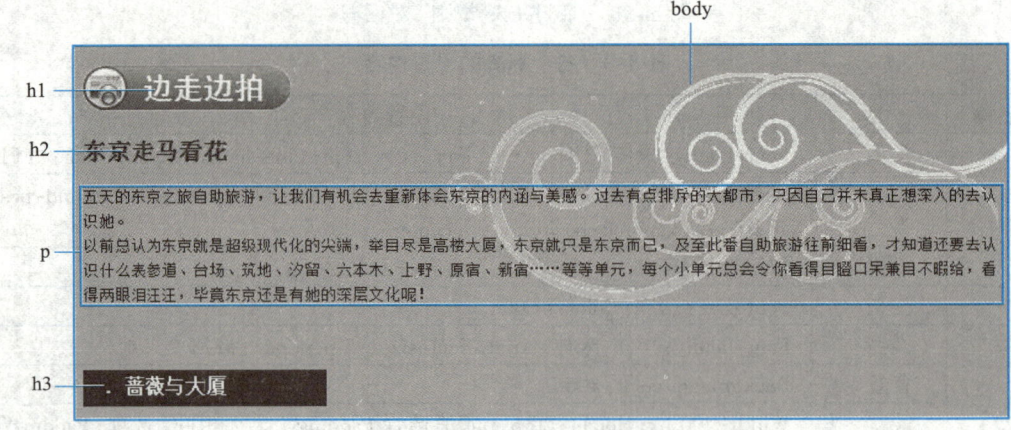

图 8-64 标签样式的应用

素材：

边走边拍.docx

2. 创建及应用类样式

（1）创建名为 photo 的类样式。在"CSS 样式"面板中，单击"新建 CSS 规则"按钮 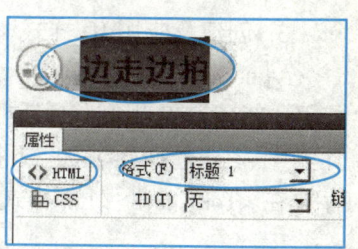，打开"新建 CSS 规则"对话框，在该对话框中选择"选择器类型"为"类（可应用于任何 HTML 元素）"，在"选择器名称"下拉列表框中输入名称为"photo"，在"规则定义"下拉列表框中选择存放在 <Tokyo.css> 外部样式表中，并按照表 8-4 中的数值进行相应格式的设置。

图 8-65 "属性"面板

表 8-4 类 photo 的设置

样式名称	分类	设置内容
photo	方框	Float：right；Clear：both；Padding 选择"全部相同"选项：5 px；Margin 取消选择"全部相同"选项；Margin\Top：0 px
	边框	Style 选择"全部相同"选项：solid；Width 选择"全部相同"选项：1px；Color 选择"全部相同"选项：#000
hottext	类型	Font-family：幼圆；Font-size：14 pt

（2）应用 photo 类样式。photo 类样式建立完成后，回到编辑区，选中图片，在其"属性"面板上将属性"类"设置为"photo"，如图 8-66 所示。同理设置其他图片。所有图片应用完样式后效果如图 8-67 所示。

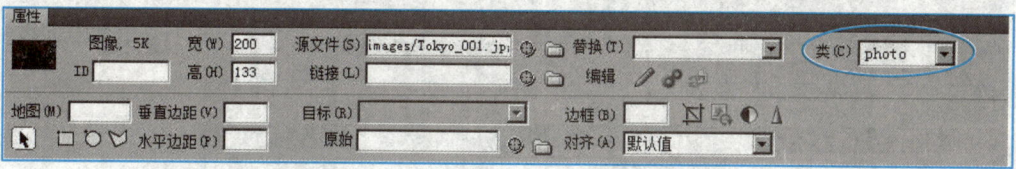

图 8-66 设置 photo 类

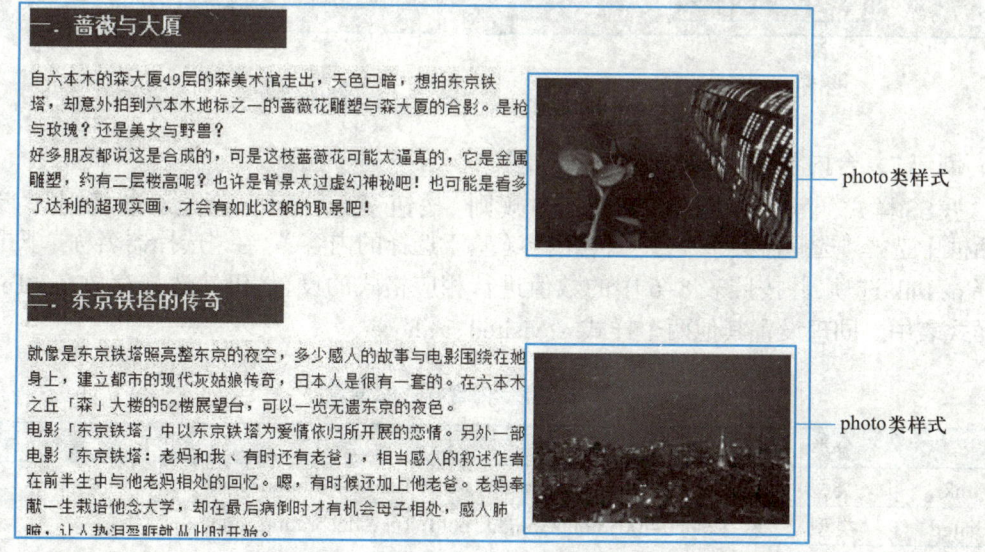

图 8-67 应用 photo 类样式后的图片效果图

3. 创建及应用 ID 样式

(1) 创建名为 poem 的 ID 样式。在"CSS 样式"面板中,单击"新建 CSS 规则"按钮 ,打开"新建 CSS 规则"对话框,在该对话框中选择"选择器类型"为"ID(仅应用于一个 HTML 元素)",在"选择器名称"下拉列表框中输入名称为"poem",在"规则定义"下拉列表框中选择存放在 <Tokyo.css> 外部样式表中,并按照表 8-5 中的数值进行相应格式的设置。

表 8-5 ID 样式 poem 的设置

样式名称	分类	设置内容
poem	类型	Font-style: oblique; Font-weight: bold; Color: #900

(2) 应用 poem 样式。建立完 poem 样式后,回到编辑区,将光标置于"东京走马看花"文字下方段落中的任意位置,在"属性"面板单击 HTML 设置 ID 属性为"poem",插入点的段落如图 8-68 所示。

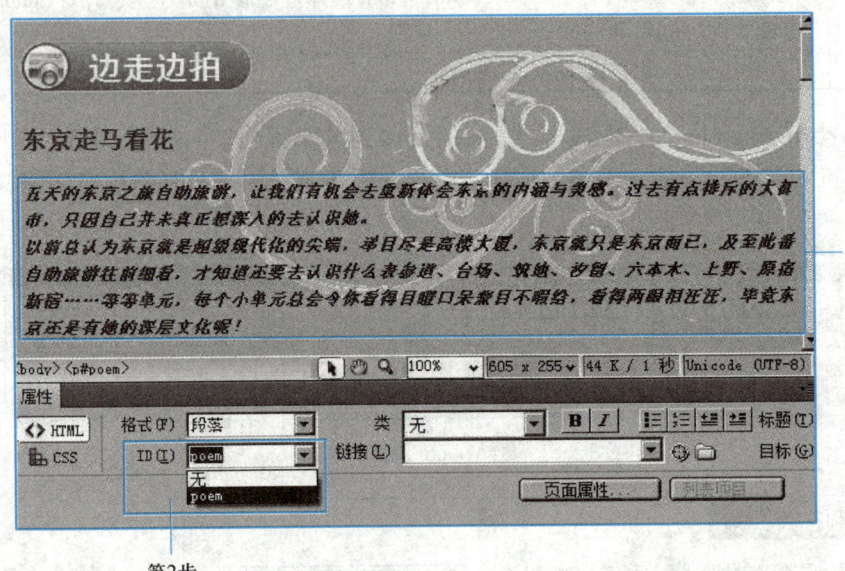

图 8-68 应用 poem 样式后的效果图

4. 创建"复合内容"的类样式

在"CSS 样式"面板中,单击"新建 CSS 规则"按钮 ,打开"新建 CSS 规则"对话框,在该对话框中选择"选择器类型"为"复合内容(基于选择的内容)",在"选择器名称"下拉列表框中选择 a: link 选项,并按照表 8-6 中的数值进行相应格式的设置,仍然选择存放在 <Tokyo.css> 外部样式表中。同理设置其他两个样式 a: visited、a: hover。

表 8-6 复合内容样式的设置

样式名称	分类	设置内容
a: link	类型	Color: #f00; Font-weight: bold; Text-decoration: none
a: visited	类型	Color: #f00; Font-weight: bold; Text-decoration: none
a: hover	类型	Color: #00F; Text-decoration: underline

【说明】关于超链接的相关选项意义如下。
(1) a:link,超链接文字的一般状态。
(2) a:visited,超链接文字已链接的状态。
(3) a:hover,鼠标指针移动到超链接文字上的状态。

完成 a:link、a:visited、a:hover 样式建立后,回到编辑区进行样式应用。在网页末尾输入文字"友情链接"并选中,将其"属性"面板中的"链接"属性设置为边走边拍的个人空间网址,并设置"目标"属性为 _blank。

完成后单击"文件"→"保存"命令,再按 F12 键预览,如图 8-69 所示。

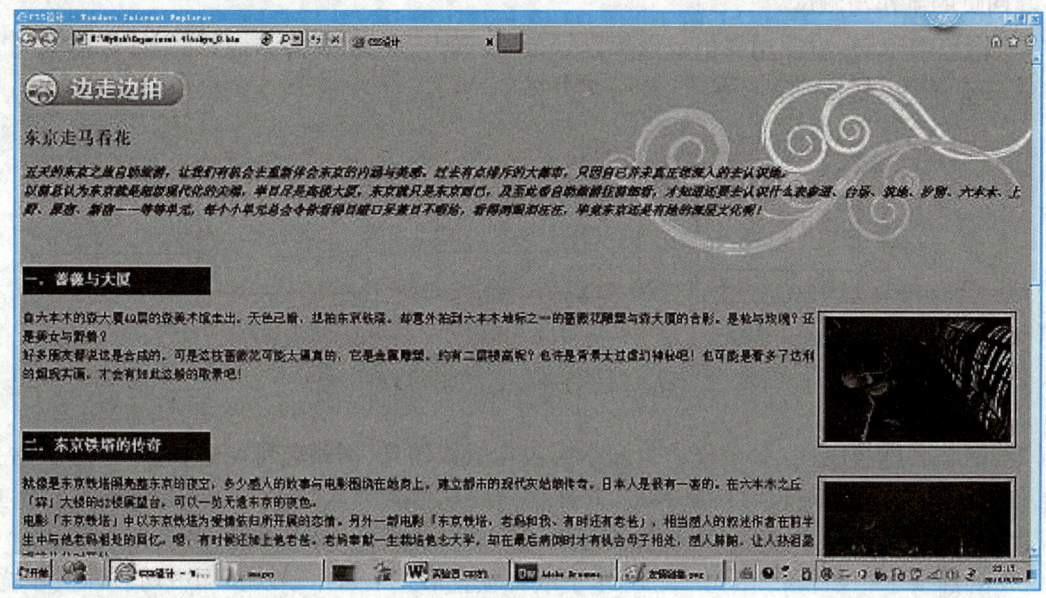

图 8-69 最终效果图

8.7 主题网站的制作

一、实验目的

综合训练。要求学生掌握运用 Dreamweaver 的相关知识完成创建一个网站的全过程。

二、实验内容

要求学生自行确定主题,使用 Dreamweaver CS5 软件制作一个静态主题网站。

三、实验步骤

1. 确定网站的主题

介绍某种文化,比如茶文化(云南红茶、碧螺春、普洱、云雾茶、铁观音等)、酒文化(红酒、白酒、鸡尾酒等)、城市文化(昆明、常州、扬州、南京等)、饮食文化(川菜、潮菜、鲁菜等)、戏剧(京剧、歌剧、话剧等)、节气文化(春分、雨水、秋分、立冬等)等。

2. 文件的收集与整理

无论是平面文字还是精美的图片,各种不同类型的媒体都可能是收集的对象,建议可上各大热门站点、个性网站学习,参考其配色、架构、主题、动画制作等。需要注意的是,所收集的文件都要围绕主题。

3. 设置网站架构图

文件收集与整理告一段落之后,就要把这些文件融入站点之中。建议把整个网站画成一张站点架构图。

4. 网页的制作与测试

(1)网页的布局:可使用表格或框架进行布局,页头、正文、页脚结构要清晰;可以采用上中下结构、左右结构、上左右结构等,如图8-70所示。

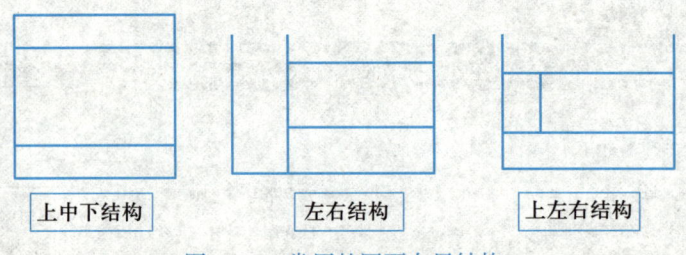

图8-70　常用的网页布局结构

(2)网站名称与版权:每个模块页面中应包含版权信息,网站名称要醒目,能清楚表达主题信息,最好使用Photoshop设计网站名称,并保存为图片形式导入Dreamweaver,版权信息放置在页脚部分,格式为"美艺***班　某某某　版权所有"。

(3)导航要求:设计醒目的主导航(水平或者垂直形式),每个模块页面中均包含主导航。

(4)链接要求:网站所有页面之间能够相互跳转、访问的均为站内链接文件。

(5)图片要求:图片清晰、质量较高,网站中图片不存在变形问题,图片正确显示,图片内容与主题相关。

(6)文字要求:文字均为与各模块主题相符合的内容,并经过筛选和编辑,围绕主题进行介绍,内容完整。

(7)样式要求:网站所有页面的正文文字保持一致的大小和行距(字体大小10 pt、行距12 pt),要求使用CSS样式来定义,文字字体要求采用默认的字体,文字颜色与背景颜色为对比色,以保证文字比较清晰;超链接也需要设置相应的超链接样式。

(8)网页的测试。

5. 网站的上传与推广

(1)网站空间申请。

(2)网站上传。

(3)网站的推广。

第 9 章　Access 数据库软件

9.1　数据库、数据表的创建

一、实验目的

1. 了解 Access 2010 窗口的界面构成及功能区的使用。
2. 掌握数据库、数据表的建立方法。
3. 掌握修改数据表结构及其属性的方法。
4. 掌握数据表数据的导出及外部数据导入的方法。

二、实验内容

1. 建立数据表。
2. 修改数据表的结构。
3. 设置表之间的联系。

三、实验步骤

1. 建立数据表

在 D:\AccessDB 文件夹下创建一个数据库,文件名为"学生成绩.accdb",在其中建立表 tStudent,其表结构如表 9-1 所示,录入表 9-2 的数据。

表 9-1　表　结　构

字段名称	字段类型	字段大小
学号	文本	10
姓名	文本	8
性别	文本	1
出生日期	日期/时间	短日期
团员否	是/否	
生源地	文本	32
简历	备注	
照片	OLE 对象	

【注意】输入表数据过程中,性别字段按查阅向导型数据输入;团员否字段按是否型数据的格式输入;日期型数据年、月、日用符号"/"或"-"连接;OLE 对象型字段照片的数据用插入对象方法输入。

表 9-2　表　内　容

学号	姓名	性别	出生日期	团员否	生源地	简历	照片
2018010101	张春生	男	1998/8/12	是	云南大理	爱好:绘画,摄影,善于交际,有上进心	Bitmap Image
2018010114	江 珊	女	1999/9/17	是	云南曲靖	爱好:书法	Bitmap Image
2018010205	王琪灵	女	1999/4/20	否	河南	爱好:绘画,摄影,运动,书法	Bitmap Image
2018010213	刘 宏	男	2000/1/24	是	贵州毕节	爱好:绘画,摄影,运动,有上进心	Bitmap Image
2018010215	李成功	男	1998/12/20	是	四川成都	组织能力强,有上进心	Bitmap Image
2018020107	王 海	男	2000/2/15	是	山东	善于交际,工作能力强	Bitmap Image
2018020123	张应中	男	1999/6/24	是	湖南	工作能力强,有领导才能,有组织能力	Bitmap Image
2018030305	赵小山	男	2000/7/16	否	陕西	组织能力强,善于交际,有上进心	Bitmap Image
2018050214	李晓芳	女	1998/10/15	是	云南昆明	有组织,有纪律,爱好:相声,书法	Bitmap Image

学生信息数据表参考效果如图 9-1 所示。

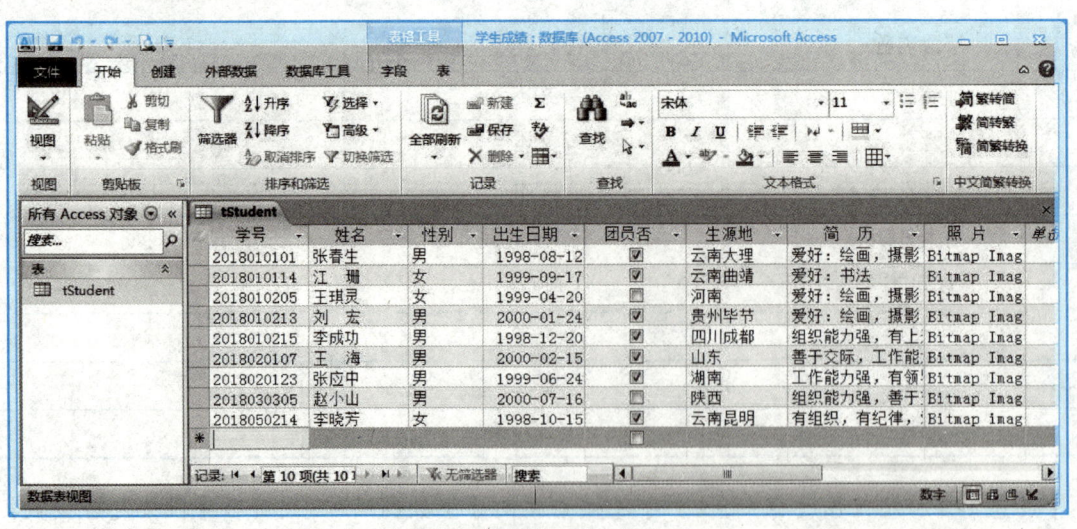

图 9-1　数据表视图效果

2. 修改数据表的结构

（1）增加两个字段："身份证号",文本型,字段大小为18;"年龄",数字型,字段大小选择"字节"类型。

（2）判断并设置主键。

（3）将身份证号字段移动到姓名和性别字段之间,年龄字段移动到出生日期字段之后。

（4）设置性别字段的默认值为"男";设置学生的出生日期只能输入1990年以后的日期,否则显示文本"学生的出生年份有误！！！"。

【提示】在有效性规则和有效性文本中设置。日期型数据用符号"#"括起来,如#2015-05-20#,表达式为大于#1990-12-31#。

（5）将学号字段的输入掩码设置为0~9的数字格式,并且是必选项。

【提示】数字0设置必选0~9数字;学号长度为10。

（6）设置数据表中数据的字体为黑体、12号;设置背景色为标准色黄色,设置网格线颜色为标准色黑色,如图9-2所示。

【提示】打开tStudent表的"数据表视图",在"开始"选项卡"文本格式"组中进行设置。

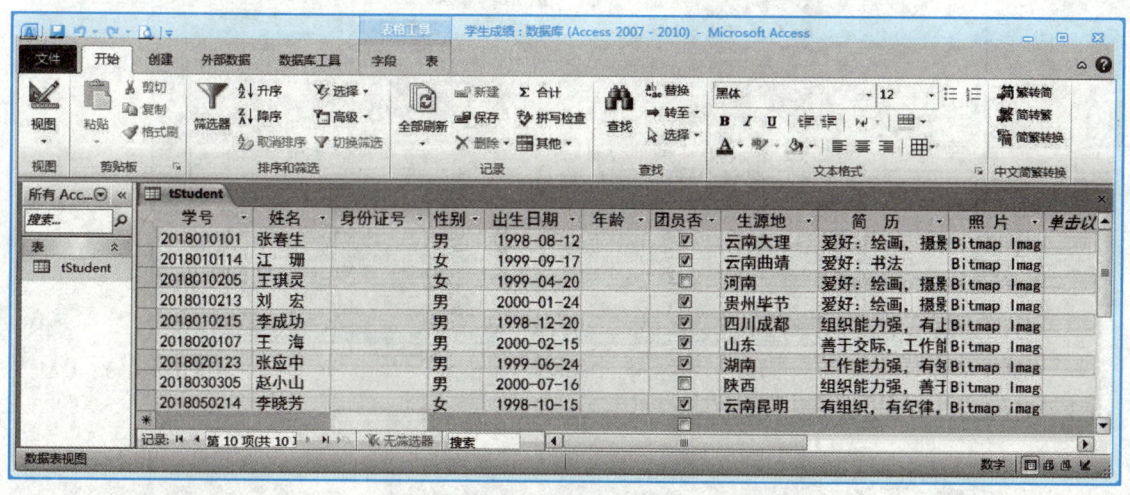

图9-2 表格式设置

（7）把数据表按照出生日期进行降序排序,查找所有姓"王"的学生,结果如图9-3所示。

【提示】操作某列数据时,必须将鼠标定位在该列的任一值上。排序操作是单击"开始"选项卡"筛选和排序"组中的"排序"按钮;查找可使用通配符"*"。

（8）冻结姓名字段并查看效果,隐藏身份证号及年龄字段并查看效果,如图9-4所示。

（9）分别以Excel文件和文本文件存放由表tStudent导出的数据,文件存放到D:\AccessDB文件夹下,文件名为tStudent.xlsx及tStudent.txt,如图9-5、图9-6所示。

【提示】在"外部数据"选项卡中进行操作。D盘上没有进行练习的文件夹,可以先创建该文件夹后再进行数据的导出。

把导出的tStudent.txt文件导入到当前数据库中作为表tStudent的备份,表名为"tStudent备份"。

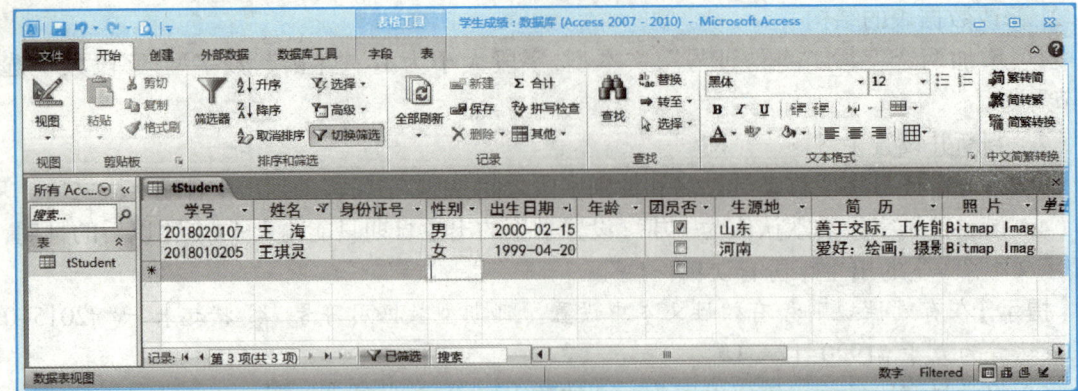

图 9-3 排序和查找数据

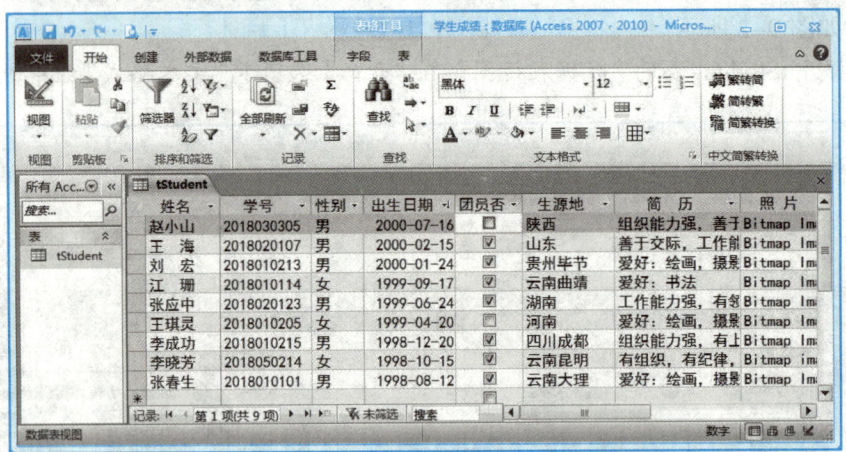

图 9-4 冻结和隐藏字段

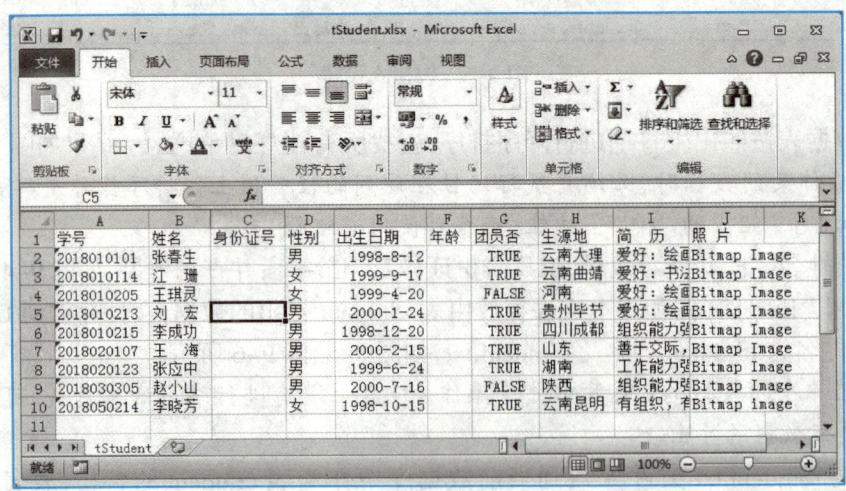

图 9-5 导出的 Excel 表

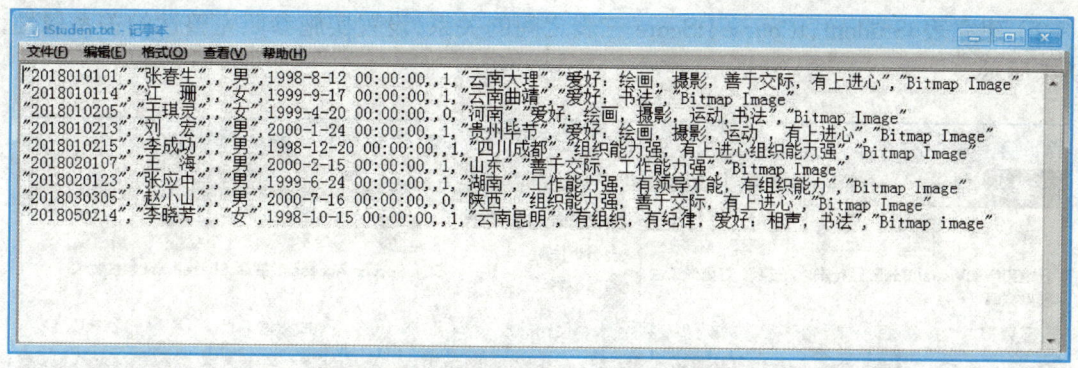

图 9-6　导出的文本文件

3. 设置表之间的联系

（1）根据表 9-3 和表 9-4 的数据，在"学生成绩"数据库中建立两个数据表并录入数据，表名称分别为 tCourse、tScore，自行判断字段的数据类型和字段大小，选择合适的字段设置为主键。

表 9-3　tCourse 数据表数据

课程号	课程名	学分
kmu0101	计算机应用基础	4
kmu0102	软件设计	6
kmu0201	网络技术	4
kmu0202	数据库	4

表 9-4　tScore 数据表数据

学号	课程号	成绩
2018010101	kmu0101	85
2018010101	kmu0201	88
2018010205	kmu0101	70
2018010205	kmu0102	90
2018010205	kmu0201	75
2018010213	kmu0201	89
2018010215	kmu0202	61
2018020107	kmu0102	66
2018020123	kmu0102	69
2018030305	kmu0201	91
2018050214	kmu0202	72

（2）建立表 tStudent、tCourse、tScore 三表之间的关系，设置实施参照完整性的关系属性，如图 9-7 所示。

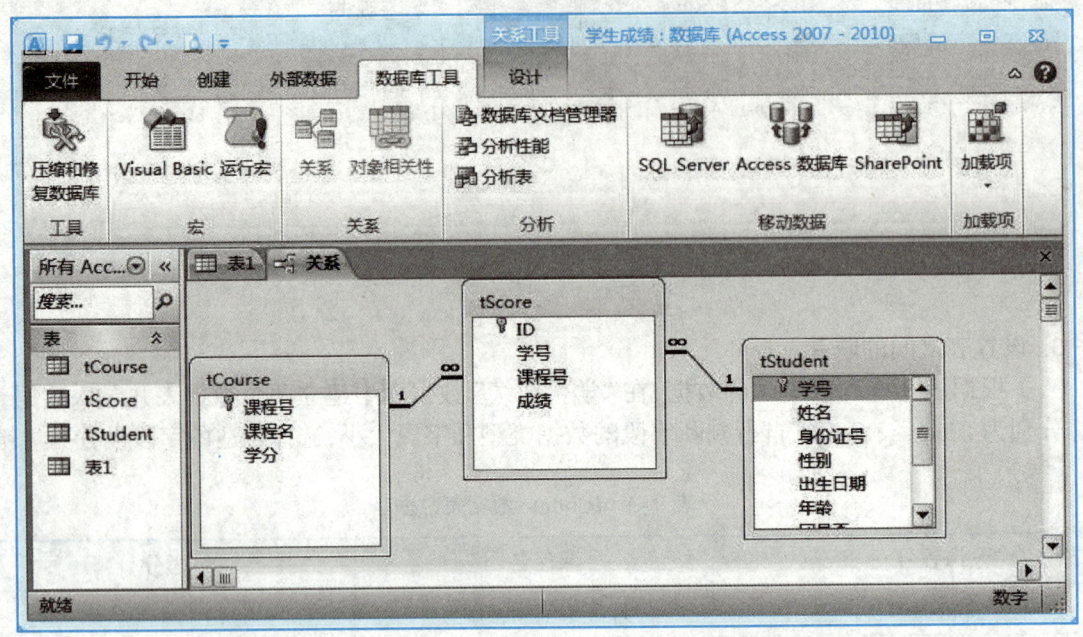

图 9-7　表关系设置

【提示】在"数据库工具"选项卡中，单击"关系"按钮，在"显示表"对话框中添加 3 张表，将主表字段拖曳到子表的共同字段上，在"编辑关系"对话框中，设置"实施参照完整性"（勾选复选框）。

9.2　查询设计

一、实验目的

1. 熟练使用查询向导创建查询。
2. 熟练使用查询设计视图创建查询。
3. 掌握选择查询、参数查询、操作查询、计算汇总查询的创建方法。

二、实验内容

1. 通过查询向导创建查询。
2. 通过查询设计视图创建查询。
3. 创建几种常见查询。
4. 删除查询。

三、实验步骤

根据"学生成绩.accdb"数据库中的 tStudent 表数据,完成下列操作。

1. 通过查询向导创建查询

使用"查询向导"命令创建查询,显示所有女生情况,保存为"查询女生"。

2. 通过查询设计视图创建查询

使用"查询设计"视图查询表 tStudent 中的学号、姓名、性别、出生日期,并按照学号字段升序排序,保存查询为"学号排序"。

3. 创建几种常见查询

(1)参数查询:根据输入的生源地信息,查找对应学生的学号、姓名、性别,查询保存为"生源查询"。

(2)模糊参数查询:创建查询"摄影爱好",当输入参数"摄影"时,将有摄影爱好的学生查找出来,显示字段姓名、性别和简历,查询结果如图 9-8 所示。

【提示】条件栏中 Like 表达式包含参数提示信息:Like "*" & [请输入爱好:]&"*"。

图 9-8　模糊参数查询结果

使用查询设计器创建一个查询,查找有摄影爱好并且姓刘的学生信息,显示学号、姓名、性别、出生日期,查询保存为"并列条件"。

【提示】在查询条件栏中使用 Like 表达式。

(3)更新查询:使用 Year( )函数,更新所有男生的年龄,查询保存为"更新年龄"。

【提示】年龄字段下的"更新到"栏输入:Year(Date( ))-Year([出生日期]),更新完成后年龄字段值被替换。

创建查询"统计人数",统计出男、女学生人数。

【提示】进行汇总查询时,必须选中查询工具中的"汇总"项。性别字段用于分组,学号字段进行计数计算。

(4)交叉表查询:学号的第 7、8 位表示的是班级号,设计查询按班级统计出每个班级中男、女学生的人数,查询保存为"各班人数",查询结果如图 9-9 所示。

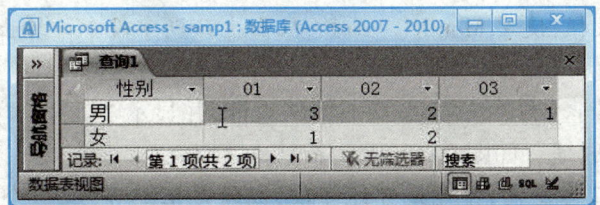

图 9-9　交叉表查询结果

【提示】交叉表查询需确定出行标题、列标题、值。行、列标题用于分组,值进行计算。使用 Mid( )函数从学号中算出班级,交叉表查询设置如图 9-10 所示。

字段:	性别	班级: Mid([学号],7,2)	学号
表:	tStudent		tStudent
总计:	Group By	Group By	计数
交叉表:	行标题	列标题	值
排序:			
条件:			

图 9-10 交叉表查询设置

4. 删除查询

删除"tStudent 备份"表中生源地为云南的学生记录。查询保存为 cx11。

9.3 SQL 语言的使用

一、实验目的

1. 熟悉多表查询的创建方法。
2. 掌握 SQL 语言的基本语句。

二、实验内容

1. 创建多表查询。
2. SQL 查询语句的运用。

三、实验步骤

1. 创建多表查询

根据 tStudent、tCourse、tScore 表数据,完成下列查询操作。

(1)追加查询。创建查询,查找成绩在 90 分以上(含 90)的学生信息,显示的字段有学号、姓名、性别、出生日期,并将查询数据追加到"90 分以上的学生"中,如图 9-11 所示。

【提示】需要先在数据库中建立一个空数据表,字段属性同原来数据表属性,成绩字段设置条件。

(2)查找出生于下半年的学生记录,并显示"姓名""课程名"和"成绩"3 个字段的内容,所建查询保存为"下半年出生的"。

【提示】在查询字段栏,使用 Month( )函数,从出生日期字段中计算出生的月份,条件是大于等于 6,如图 9-12 所示。

(3)创建一个根据学号统计学生平均成绩的查询,并显示"学号""姓名"和"成绩"字段,所建查询保存为"平均成绩",如图 9-13 所示。

【提示】这是一个汇总查询,学号是分组字段,成绩是汇总字段,一个学生有多条成绩记录,所以姓名设置成"First"或"Last"。

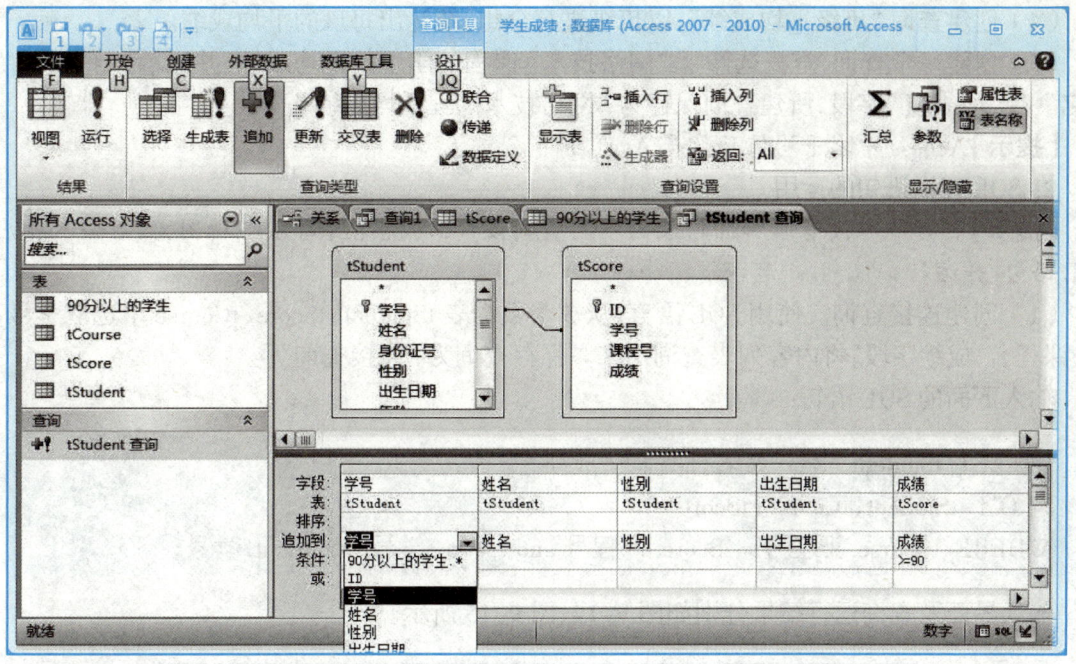

图 9-11 追加查询

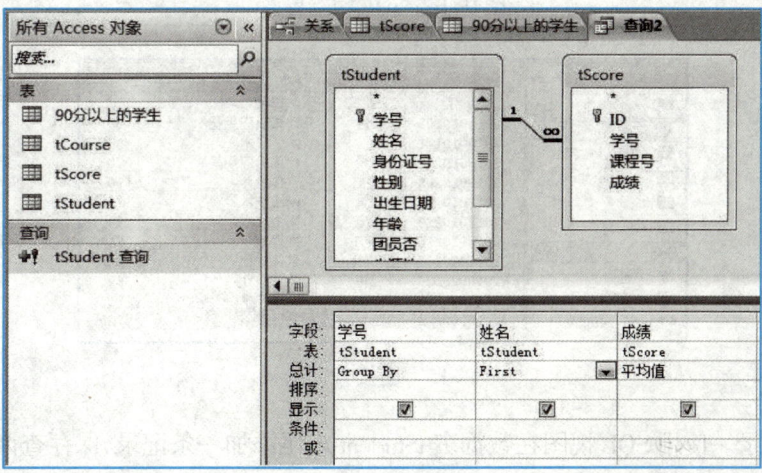

图 9-12 查询条件设置

图 9-13 汇总查询

（4）创建查询"班级平均成绩"，以班级进行分组，统计出每班的平均成绩。

（5）创建一个查询，查找选修了"网络技术"课程的学生的平均成绩，并显示"课程号""课程名""平均成绩"字段，所建查询保存为"网络技术课程平均成绩"。

【提示】Access 中求平均值函数是 Avg( )。

2. SQL 查询语句的运用

【提示】创建一个没有添加任何表的空的查询设计，切换视图到 SQL 视图，然后输入相应的 SQL 语句，并运行。

（1）创建连接查询。使用 SQL 语言，从 3 个数据表 tStudent、tScore、tCourse 中选取学号、姓名、课程名、成绩字段，将内容列表查询出来。保存查询为"连接查询"。

输入下面的 SQL 语句：

```
SELECT  tStudent.学号,姓名,课程名,成绩
FROM  tStudent,tCourse,tScore
WHERE  tCourse.课程号 = tScore.课程号 and tScore.学号 =tStudent.学号;
```

输入界面及查询运行结果分别如图 9-14、图 9-15 所示。

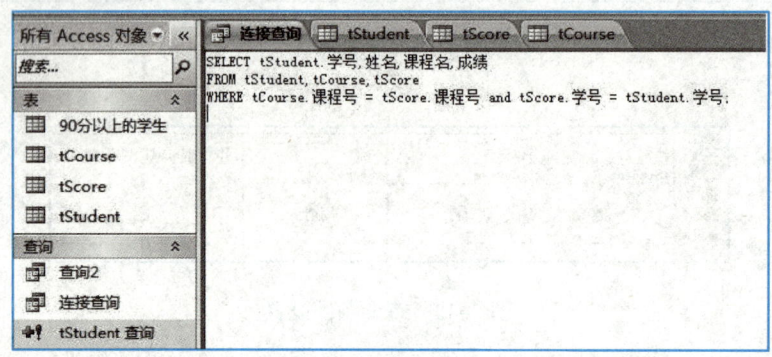

图 9-14　SQL 输入界面

图 9-15　连接查询结果

（2）追加记录。使用 SQL 视图在数据表 tStudent 末尾添加一条记录，保存查询为"追加记录"。
2018050102　　赵志东　　男　　2000-01-24　　是　　云南

输入下面的 SQL 语句：

> INSERT into tStudent（学号,姓名,性别,出生日期,团员否,生源地）
> values
> ("2018050102","赵志东","男",#2000-01-24#,true,"云南")

（3）使用SQL语句修改"张应中"的出生日期为"1998-06-24"，查询保存为"修改出生日期"。

（4）删除查询。删除"tStudent备份"表中生源地为云南的学生记录。查询保存为"删除数据"。

9.4 窗体设计

一、实验目的

1. 熟练利用表和查询自动生成窗体。
2. 熟练使用窗体向导从多个表或查询中创建窗体。
3. 掌握在窗体上添加控件的方法，能使用常用控件设计出符合要求的窗体。
4. 掌握控件与数据源数据绑定的方法。

二、实验内容

1. 窗体的创建。
2. 窗体控件使用及设置。

三、实验步骤

1. 窗体的创建

（1）以tStudent表为数据源，自动创建窗体"学生信息"，窗体的标题为"学生情况"。

【提示】窗体标题在窗体设计视图中进行设置，如图9-16所示。

（2）使用窗体向导创建窗体"学生成绩"，从tStudent表中选择学号、姓名字段，从tCourse表中选择课程名字段，从tScore表中选择成绩字段，选择通过tScore查看数据的方式，生成一个表格窗体，标题为"成绩列表"，如图9-17所示。

2. 窗体控件使用及设置

以表tTeacher为数据源，在窗体设计视图中设计窗体"教师信息"，如图9-18所示。
要求如下。

（1）标题文本为黑体、20磅、居中。

【提示】在主体节右击，在弹出的快捷菜单中选择"窗体页眉/页脚"命令，在窗体页眉添加标签控件，输入标题文字并设置格式。

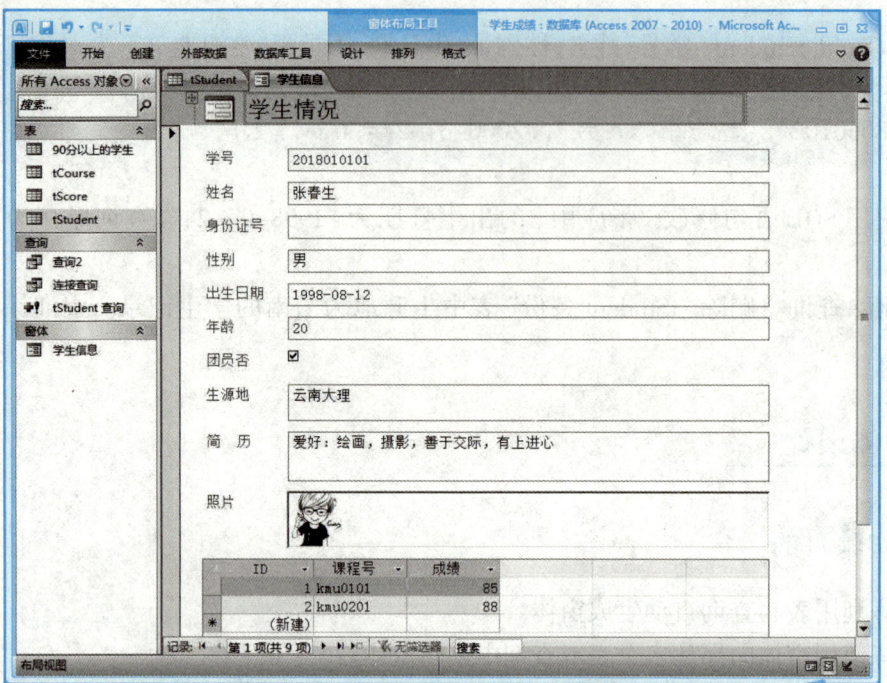

图 9-16 "学生信息"窗体

图 9-17 "成绩列表"窗体

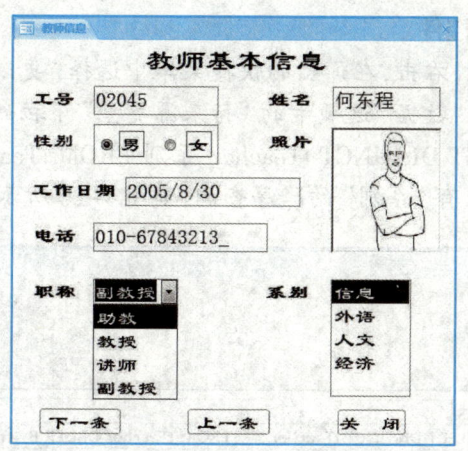

图 9-18 "教师信息" 窗体

（2）工号、姓名、工作日期、电话为文本框控件。

【提示】在属性对话框中，选中窗体对象，从数据源的记录源下拉列表中选择 tStudent 表。单击窗体设计工具的"添加现有字段"按钮，从表的字段列表选中窗体所需的字段拖曳到主体节（包括窗体上所有的控件），这时每个字段都是文本框控件。调整控件的位置。

（3）窗体中所有控件的文本格式为隶书、16磅、加粗。

【提示】按住 Shift 键同时选择多个控件。从"开始"选项卡的文本格式中进行设置。

（4）性别设计为单选按钮的选项组控件。

【提示1】删除性别文本框。单击工具栏的选项组控件按钮，在主体中拖出一个矩形框，在控件向导的对话框中输入标签"男、女"，单击"下一步"按钮（注意："男"的值为1，"女"的值为2），单击"下一步"按钮，在"性别"字段中保存值，单击"下一步"按钮，单击"选项按钮"和"平面"样式，单击"完成"按钮。

【提示2】要使窗体上性别控件显示正确的值，tTeacher 表中性别字段的值"男"改为"1"，"女"改为"2"。

（5）职称设计为组合框控件。

【提示】选中职称文本框，右击，在弹出的快捷菜单中选择"更改为"→"组合框"命令，打开组合框的"属性表"窗体，在"数据"选项卡的"行来源类型"下拉列表中选择"表/查询"选项，在"行来源"栏输入"SELECT DISTINCT tTeacher.职称 FROM tTeacher ORDER BY tTeacher.职称 DESC;"，或者单击"…"按钮打开查询设计视图，创建一个仅有"职称"字段并降序排列的查询，返回后，在"行来源"栏的 SELECT 语句中加入"DISTINCT"参数，如图 9-19 所示。

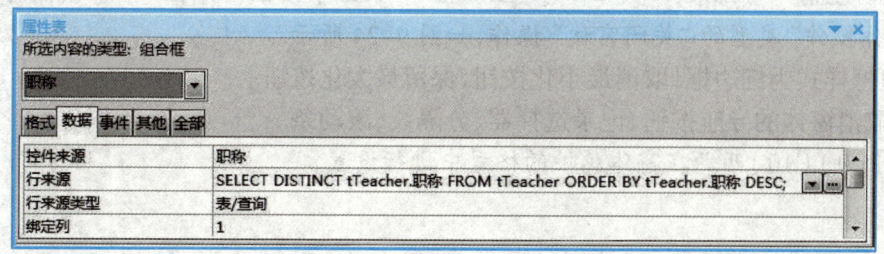

图 9-19 职称 "属性表" 窗格

（6）系别设计为列表框控件。

【提示】选中系别文本框，右击，在弹出的快捷菜单中选择"更改为"→"列表框"命令，打开列表框的"属性表"窗格，在"数据"选项卡的"行来源类型"下拉列表中选择"表/查询"选项，在"行来源"栏输入"SELECT DISTINCT tTeacher.系别 FROM tTeacher ORDER BY tTeacher.系别 DESC；"，或者设计一个仅有"系别"的降序查询，如图9-20所示。

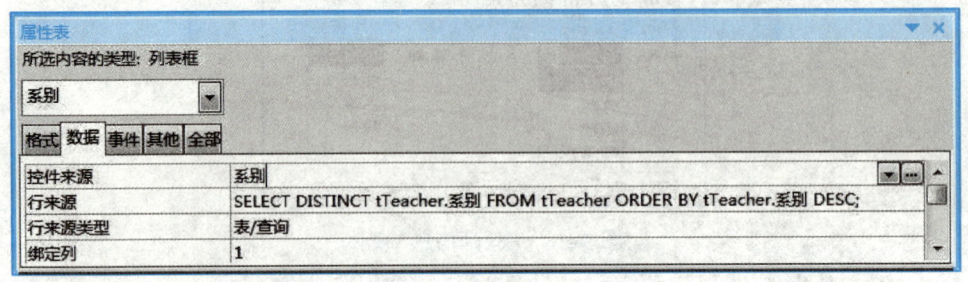

图9-20　系别"属性表"窗格

（7）图片控件属性设置为拉伸模式。

【提示】在图片"属性表"窗格"格式"选项卡的"缩放模式"中设置，如图9-21所示。

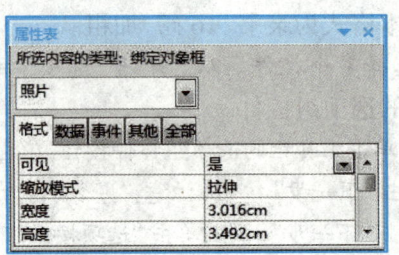

图9-21　图片"属性表"窗格

（8）添加3个命令按钮控件，分别实现转至下一项记录、转至前一项记录、关闭窗体的功能。

【提示】在控件工具中单击"使用控件向导"按钮，使其为选中状态。单击按钮控件，在窗体下方拖曳一个小矩形，放开鼠标，在"命令按钮向导"对话框中选择"记录导航"类别的"转至下一项记录"操作，如图9-22所示。单击"下一步"按钮，在"文本"文本框中输入"下一条"，如图9-23所示，单击"下一步"按钮，再单击"完成"按钮。用同样的方法添加第二个按钮控件，使记录导航转至前一项记录，"文本"为"上一条"。第三个按钮控件在"命令按钮向导"对话框中选择"窗体操作"类型的"关闭窗体"操作，如图9-24所示。

（9）边框样式为细边框，取消最小化按钮，保留最大化按钮。

（10）取消窗体的导航按钮、记录选择器、分隔线、滚动条。

【提示】（9）、（10）两题在窗体属性的格式中进行设置。

9.4 窗体设计

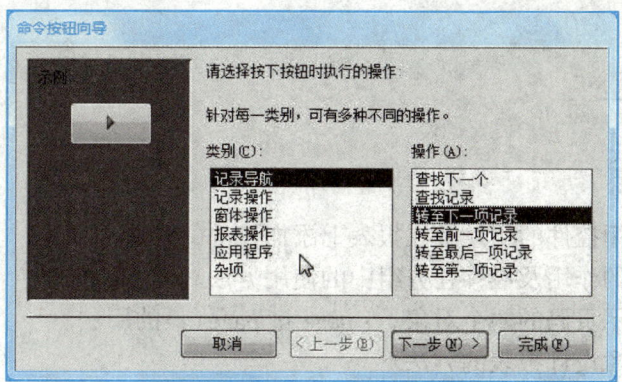

图 9-22　记录操作设置

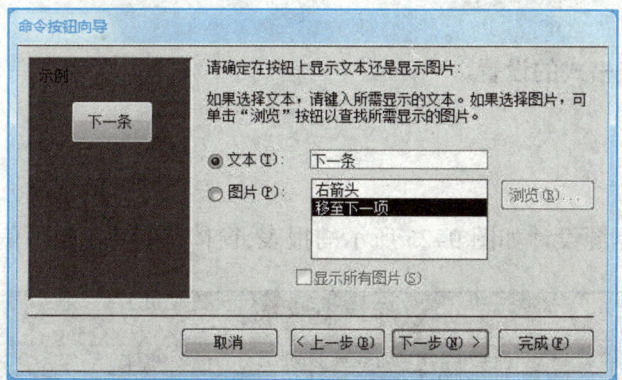

图 9-23　按钮文本设置

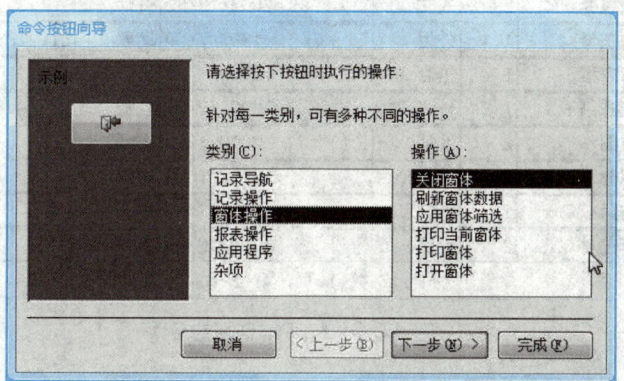

图 9-24　窗体操作设置

9.5 报表设计

一、实验目的

1. 熟悉报表上常用控件的用途及在报表上添加控件的方法。
2. 掌握报表分组的作用及控件在分组中的使用方法。
3. 掌握报表中表示页码的两个对象（［page］、［pages］）的用法。
4. 掌握根据数据源设计报表的方法。

二、实验内容

1. 报表的创建。
2. 报表控件、报表格式的设置。

三、实验步骤

1. 报表的创建

以 tTeacher 为数据源设计如图 9-25 所示的报表，窗体保存为"教师信息报表"。

工号	姓名	性别	系别	工作日期	职称	电话
03025	赵甲子	1	外语	2005/8/15	讲师	
02041	李珏	2	信息	2002/9/30	副教授	
04010	张凤春	2	人文	2003/12/30	讲师	
02001	张玉琴	1	外语	1998/7/20	助教	010-12345678
02045	何东程	1	信息	2005/8/30	副教授	
03021	王志强	1	外语	1999/12/31	教授	
04032	梁国华	2	经济	2010/12/5	讲师	
02040	赵建军	2	信息	2008/10/1	讲师	
04002	左兵	1	人文	2000/7/30	教授	
04050	李玉林	2	经济	1999/12/30	教授	

共 1 页，第 1 页

图 9-25 教师信息报表

2. 报表控件、报表格式的设置

使用"报表向导"命令，对查询"连接查询"设计一个"成绩报表"。选择"连接查询"全部字段，选择通过 tScore 查看数据的方式，可以选择以"学号"升序显示报表，选择"表格"选项。成绩报表效果如图 9-26 所示。

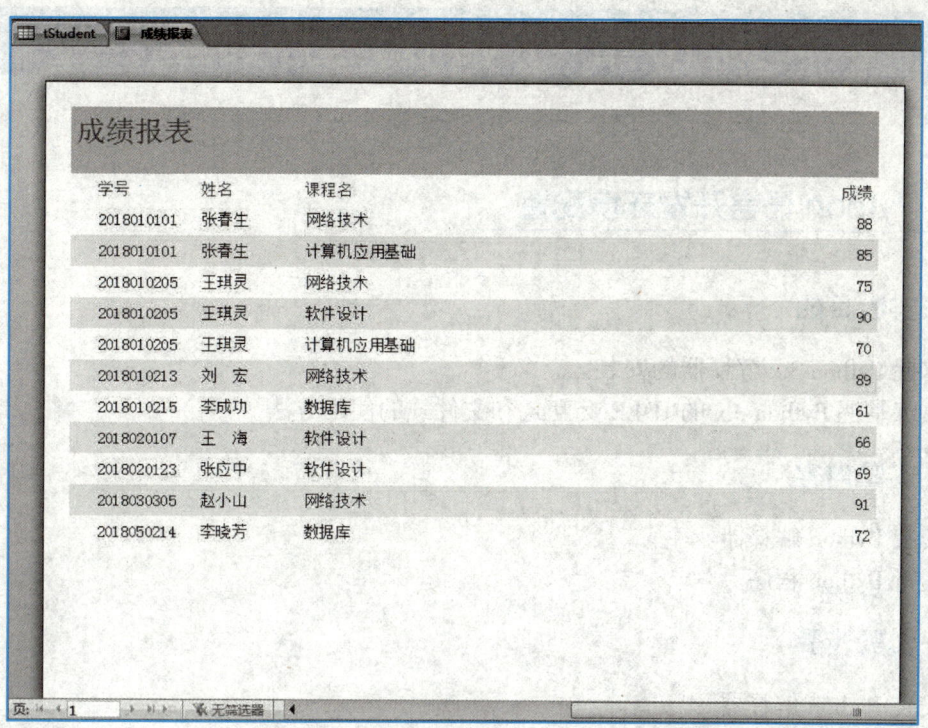

图 9-26 成绩报表

第 10 章　Python 程序实验

10.1　Python 语言开发环境配置

一、实验目的

1. 掌握 Python 3.x 解释器的安装。
2. 熟练掌握 Python 3.x 的 IDLE 交互式和文件式的使用方法。

二、实验内容

1. 安装 Python 解释器。
2. 运行 Python 程序。

三、实验步骤

1. 安装 Python 解释器

到 Python 网站下载并安装 Python 基本开发和运行环境,根据操作系统不同可选择不同版本。

Python 解释器主网站下载页面如图 10-1 所示。

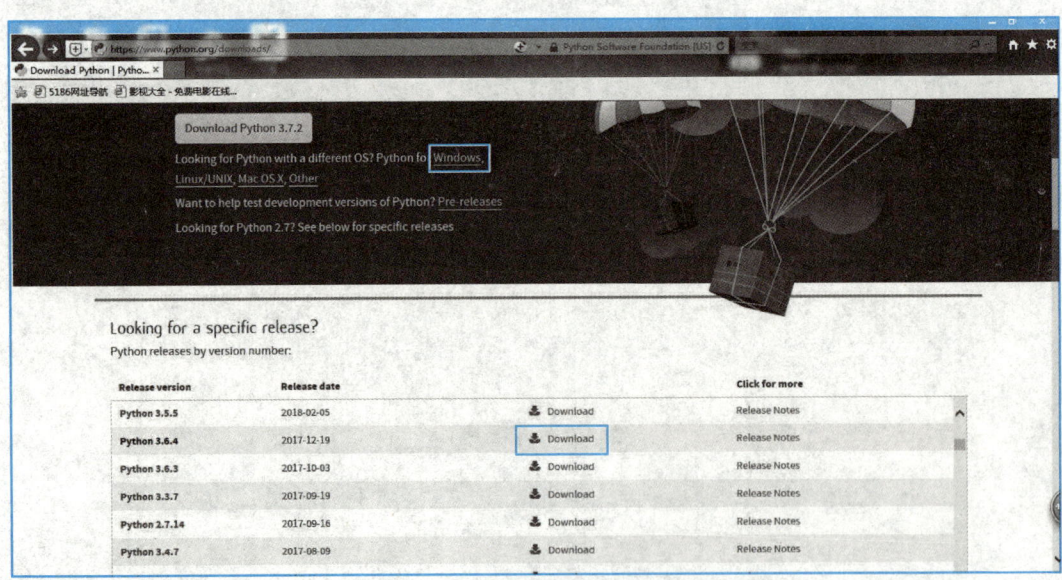

图 10-1　Python 解释器主网站下载页面

如图 10-1 所示,首先根据所用操作系统版本选择相应的 Python 系列安装程序。单击 Download 按钮下载 Python 程序。这个位置放置的是 Python 最新的稳定版本,随着 Python 语言的发展,此处会有更新的版本,本书内容统一以 3.6 版本为代表,以 Windows 操作系统为例,下载 Python 3.6.exe 文件。其他操作系统请单击相应链接,并找到对应文件进行下载。

  Python 最新的 3.x 系列解释器会逐步发展,对于初学 Python 的读者,建议采用 3.6 或之后的版本,可以不使用最新版本。如果所在系统无法安装 3.6 版本,可使用 3.5.2 版本。双击所下载的程序安装 Python 解释器,然后将启动一个如图 10-2 所示的引导过程。在该页面中,勾选 Add Python 3.6 to PATH 复选框。

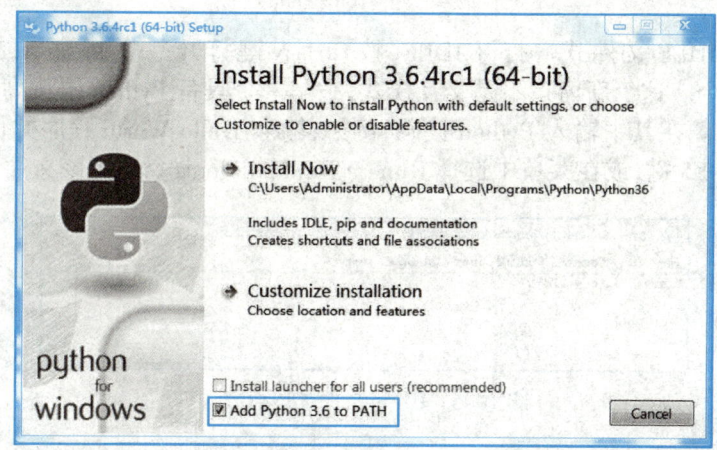

图 10-2 解释器安装向导

安装成功后将显示如图 10-3 所示的页面。

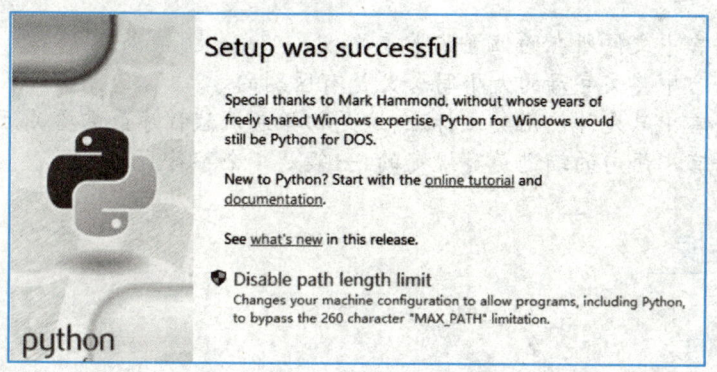

图 10-3 解释器安装成功

  Python 安装包将在系统中安装一批与 Python 开发和运行相关的程序,其中最重要的两个是 Python 命令行和 Python 集成开发环境(Python's integrated development environment, IDLE)。

2. 运行 Python 程序

  第一种方法:IDLE 交互式。通过调用安装的 IDLE 来启动 Python 运行环境。IDLE 是 Python 软件包自带的集成开发环境,可以在 Windows "开始"菜单中搜索关键词 "IDLE" 找到 IDLE 的快捷方式,如图 10-4 展示了 IDLE 环境中运行 Hello World 程序的效果。

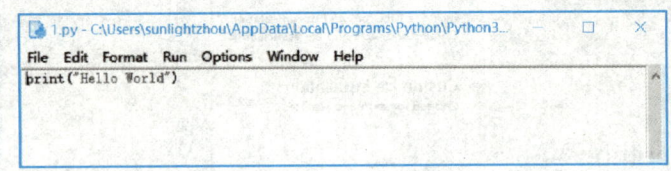

图 10-4　IDLE 交互式运行方法

第二种方法：IDLE 文件式。打开 IDLE，按 Ctrl+N 键打开一个新窗口，或在菜单中选择 File → New File 命令。这个新窗口不是交互模式，它是一具备 Python 语法高亮辅助的编辑器，可以进行代码编辑。在其中输入 Python 代码，例如，输入 Hello World 程序并保存为 1.py 文件，如图 10-5 所示，按 F5 键，或在菜单中选择 Run → RunModule 命令运行该文件。

图 10-5　IDLE 文件式运行方法

本书所有程序都推荐通过 IDLE 编写并运行。行文方面，对于单行代码或通过观察输出结果讲解少量代码的情况，本书采用 IDLE 交互式（由 >>> 开头）进行描述；对于讲解整段代码的情况，采用 IDLE 文件式。

【注意】
（1）Python 语言中文件所在的位置非常重要。
（2）Python 语言中英文字母的大小写含义是有区别的。
（3）Python 语言中只允许使用英文标点，这是初学者调试程序最需要关注的。
（4）Python 语言中语句的缩进是有规定的，一般是 4 个字符。

10.2　汇率转换

一、实验目的

1. 熟悉 IPO 编程方法。
2. 学习 Python 语言编写程序的规则。
3. 练习调试程序，得到预期结果。

二、实验内容

本实验以汇率转换问题为例，介绍程序设计的基本方法，并给出 Python 语言的具体实现。

三、实验步骤

由于不同国家可能采用不同的货币表示方法，货币之间兑换需要通过汇率来转

10.2 汇率转换

换。例如，我国使用人民币（¥），美国使用美元（$）。对于去美国旅行的中国游客来说，需要按当地发布的汇率把人民币转换为美元。同样，来中国旅行的美国游客，也需要按当地发布汇率把美元转换为人民币。问题是，如何利用计算机程序辅助旅行者进行汇率转换呢？

根据程序编写的基本方法，用计算机解决上述问题需要如下 5 个步骤。

（1）分析问题：可以从不同角度来理解旅行者汇率转换问题的计算部分。这里给出 3 个角度。第一，利用程序进行汇率转换，由用户输入汇率值，程序输出结果。这是最直观的理解。第二，可以通过语音识别、图像识别等方法自动监听并获得汇率信息发布渠道（如收音机、电视机等）给出的汇率播报源数据，再由程序转换后输出给用户。这种角度相比第一种不需要用户给出输入。第三，随着互联网的高度普及和接入的便捷，程序也可以定期从汇率信息发布网站获得汇率值，再将汇率信息转换成旅行者熟悉的方式。3 种角度对问题计算部分的不同理解会产生不同的 IPO 描述、算法和程序。应该说，"利用计算机解决问题"需要结合计算机技术的发展水平和人类对问题的思考程度，在特定技术和社会条件下，分析出一个问题最经济、最合理的计算部分，进而用程序实现。这里以第一种理解角度为例编写并讲解余下程序步骤。

（2）划分边界：在确定问题计算部分的基础上进一步划分问题边界，即明确问题的输入数据、输出数据和对数据处理的要求。由于程序可能接收人民币和美元汇率，并相互转换，该功能的 IPO 描述如下。

输入：带人民币或美元标志的汇率值。

处理：根据汇率标志选择适当的汇率转换算法。

输出：带人民币或美元标志的货币值。

这里采用 100 RMB 表示人民币 100 元，采用 50 USD 表示 50 美元，实数部分是汇率值。这种汇率表示格式同时用于汇率的输入和输出。

（3）设计算法：根据人民币和美元定义，转换算法如下。

1 USD=6.8 RMB

其中，USD 表示美元，RMB 表示人民币。

（4）编写程序：根据 IPO 描述和算法设计，编写如下汇率转换的 Python 程序代码。

```python
#Exchangerate.py
ECRstr = input("请输入带有符号的货币值:")
if ECRstr[-1] in ['U', 'u']:
    rmb = (eval(ECRstr[0:-1])*6.8)
    print("转换后的货币是 {:.2f}RMB".format(rmb))
elif ECRstr[-1] in ['R', 'r']:
    usd= (eval(ECRstr[0:-1])/6.8)
    print("转换后的货币是 {:.2f}USD".format(usd))
else:
    print("输入格式错误")
```

（5）调试测试：将上述程序保存为文件"汇率转换.py"，使用 IDLE 运行该程序。输入带标志的货币值，程序运行结果如图 10-6 所示。

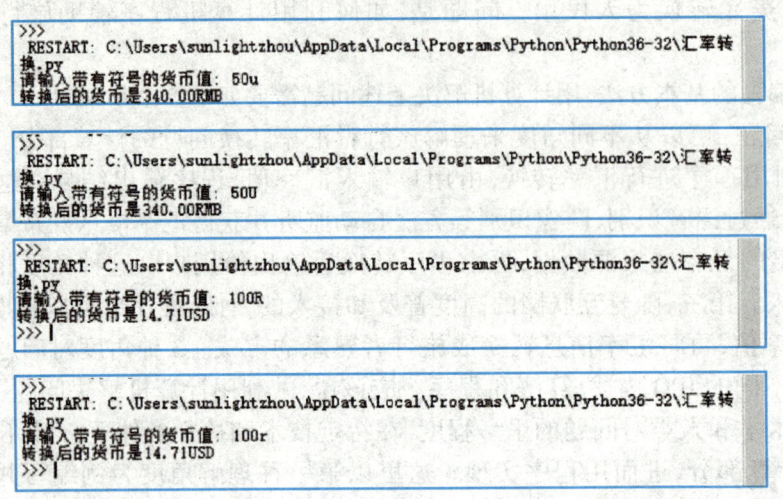

图 10-6　程序运行结果

上述程序符合 Python 语法，执行结果正确。事实上，当程序较为复杂时，很难保证一次编写后的程序能够直接正确运行或运行逻辑没有错误。可以说，任何程序都会有错误，寻找错误的调试过程不容忽视。

10.3　Python 蟒蛇绘制

一、实验目的

1. 了解 Python 库的调用方法。
2. 掌握利用 turtle 库内函数绘制图形的方法。

二、实验内容

1. 库的调用。
2. turtle 库语法元素分析。
3. Python 蟒蛇扩展绘制。

三、实验步骤

1. 库的调用

使用 Python 时经常会调用函数库中的函数，以更简捷、高效地完成程序的设计。

<a>.<b>( ) 是 Python 编程的一种典型表达形式，它可以表示调用一个对象 a 的方法 <b>( )，也可以表示调用一个函数库 <a> 中的函数 <b>( )。

本实验使用了用于绘制图形的 turtle 库，并在代码中通过保留字 import 引用这个函数库。

基本格式如下：

import turtle

实例代码调用了 turtle 库中若干函数来绘制 Python 蟒蛇，所有被调用的函数都使用了 <a>.<b>（）形式。这种通过使用函数库并利用库中函数进行编程的方法是 Python 语言最重要的特点，称为模块编程。

使用 import 引用函数库有两种方式，但对函数的使用方式略有不同。

第一种引用函数库的方法如下：

import <库名>

此时，程序可以调用库名中的所有函数，使用库中函数的格式如下：

<库名>.<函数名>(<函数参数>)

实例 3.1 采用第一种库引用方式，完成 Python 蟒蛇绘制，代码如下：

```
#DrawPython.py
import turtle
turtle.setup(650, 350, 200, 200)
turtle.penup()
turtle.fd(-250)
turtle.pendown()
turtle.pensize(25)
turtle.pencolor("purple")
turtle.seth(-40)
for i in range(4):
    turtle.circle(40, 80)
    turtle.circle(-40, 80)
turtle.circle(40, 80/2)
turtle.fd(40)
turtle.circle(16, 180)
turtle.fd(40 * 2/3)
```

第二种引用函数库的方法如下：

import <库名>

from <库名> import <函数名, 函数名, …, 函数名>

from <库名> import *

其中，* 是通配符，表示所有函数。

此时，调用该库的函数时不再需要使用库名，直接使用如下格式：

<函数名>(<函数参数>)

实例 3.2 采用第二种库引用方式修改实例 3.1 代码完成 Python 蟒蛇绘制，代码如下：

```
#DrawPython.py
from turtle import *
setup(650, 350, 200, 200)
penup()
fd(-250)
pendown()
pensize(20)
pencolor("purple")
seth(-40)
for i in range(4):
    circle(40, 80)
    circle(-40, 80)
circle(40, 80/2)
fd(40)
circle(16, 180)
fd(40*2/3)
```

运行结果如图 10-7 所示。

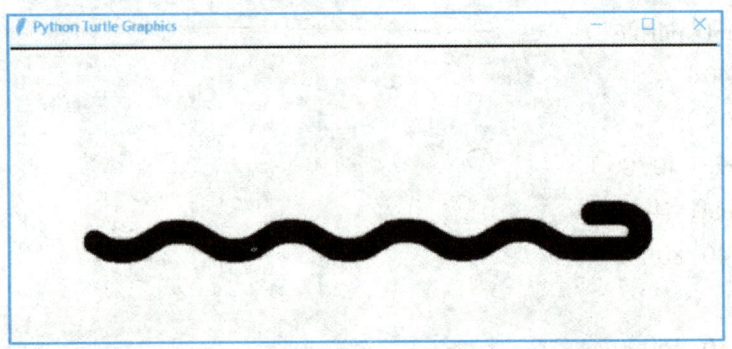

图 10-7　运行结果

实例 3.2 与实例 3.1 运行结果相同，所不同的是调用 turtle 库中函数时不再采用 <a>.<b>( ) 方式，而直接使用函数名。由于 Python 蟒蛇绘制程序只用了 turtle 库中的 setup( )、penup( )、fd( )、pendown( )、pensize( )、pencolor( )、seth( )、circle( )8 个函数，import 语句也可以写成如下形式：

  from turtle import setup, penup, fd, pendown
  from turtle import pensize, pencolor, seth, circle

两种函数库引用方式各有优点，第一种采用 <a>.<b>( ) 方式调用库中函数，能够标明函数来源，在引用较多库时代码可读性更好；第二种利用保留字直接引用库中函数，可以使代码更简洁，在类似实例 3.2 这种只引用一个库的情况下，效果更好。

需要注意的是,第一种引用方式,Python 解释器将 <a>.<b> 整体作为函数名。当采用第二种方式时,Python 解释器将 <b> 作为函数名,这可能产生一种情况,假设用户已经定义了一个函数 <b>,库中的函数名 <b> 将会与用户自定义的函数名冲突,由于 Python 程序要求函数命名唯一,所以,当函数名冲突时 Python 解释器会以最近的函数定义为准。为了避免可能的命名冲突,对于初学者,建议采用第一种库引用方式,使用 <a>.<b>( )方式调用库函数。

2. turtle 库语法元素分析

Python 的 turtle 库是一个直观有趣的图形绘制函数库,turtle 图形绘制的概念诞生于 1969 年,并成功应用于 LOGO 编程语言,由于 turtle 图形绘制概念十分直观且非常流行,Python 接受了这个概念,形成了一个 Python 的 turtle 库,并成为标准库之一。为了介绍 Python 模块编程思想并解释 Python 蟒蛇绘制程序,本节结合实例 3.1 介绍 turtle 库中部分函数的使用,这些函数将同时用于后续章节的部分实例中。

(1)绘图坐标体系。turtle 库绘制图形有一个基本框架:一个小海龟在坐标系中爬行,其爬行轨迹形成了绘制图形,对于小海龟来说,有"前进""后退""旋转"等爬行行为,对坐标系的探索也通过"前进方向""后退方向""左侧方向"和"右侧方向"等小海龟自身角度方位来完成。刚开始绘制时,小海龟位于画布正中央,此处坐标为(0,0),行进方向为水平向右。例如,绘制如图 10-8 所示的坐标体系。

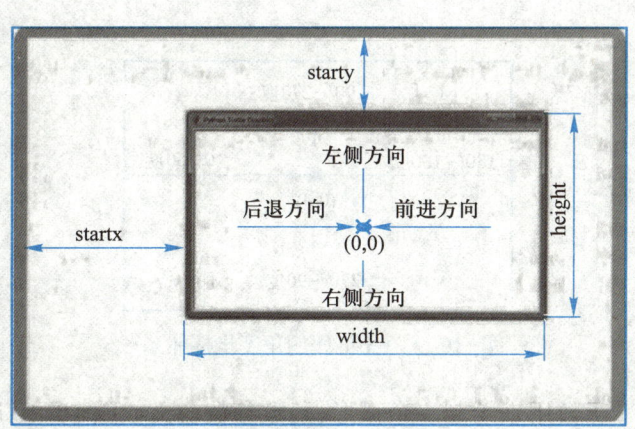

图 10-8 坐标体系

主窗体的大小和位置的参数如下。

width:窗口宽度,如果值是整数,表示像素值;如果值是小数,表示窗口宽度与屏幕的比例。

height:窗口高度,如果值是整数,表示像素值;如果值是小数,表示窗口高度与屏幕的比例。

startx:窗口左侧与屏幕左侧的像素距离,如果值是 None,窗口位于屏幕水平中央。

starty:窗口顶部与屏幕顶部的像素距离,如果值是 None,窗口位于屏幕垂直中央。

(2)画笔控制函数。

① turtle.penup( )。

作用:抬起画笔,之后移动画笔不绘制形状。

参数：无。

② turtle.pendown( )。

作用：落下画笔，画笔将绘制形状。

参数：无。

③ turtle.pensize( )。

作用：设置画笔宽度。

参数：无。

④ turtle.width( )。

作用：设置线条宽度，当无参数输入时返回当前画笔宽度。

⑤ turtle.pencolor( )

作用：设置画笔颜色，当无参数输入时返回当前画笔颜色。

（3）turtle.seth( )形状绘制函数。turtle通过一组函数控制画笔的行进动作，进而绘制形状，turtle.fd( )函数最常用来控制画笔向当前行进方向前进一个距离，当值为负数时，表示向相反方向前进。

作用：改变画笔绘制方向。

设置小海龟当前行进方向为to_angle，该角度是绝对方向角度值，to_angle角度的整数值如图10-9所示。

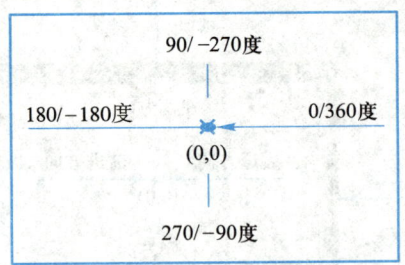

图10-9　turtle库的角度坐标体系

（4）turtle.circle( )函数用来绘制一个弧形，函数参数含义如图10-10所示。

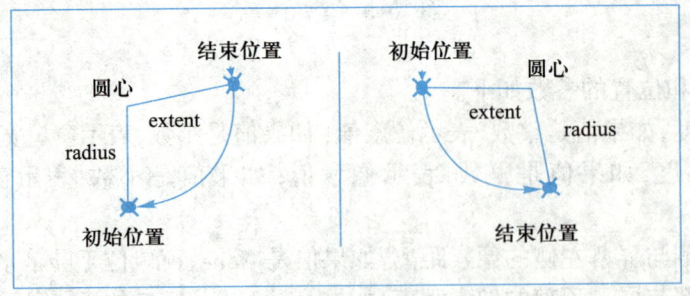

图10-10　turtle.circle( )函数的参数含义

函数定义如下：

turtle.circle(radius, extent=None)

作用：根据半径 radius 绘制 extent 角度的弧形，参数说明如下。
radius：弧形半径，当值为正数时，半径在小海龟左侧；当值为负数时，半径在小海龟右侧。
extent：绘制弧形的角度，当不设置参数或参数设置为 None 时，绘制整个圆形。
3. Python 蟒蛇扩展绘制
绘制一条七彩蟒蛇，程序运行结果如图 10-11 所示。

图 10-11　程序运行结果

程序代码如下：

```
# DrawcolorPython.py
from turtle import *
setup(800,350,200,200)
colors=["red","orange","yellow","green","cyan","blue"]
penup()
fd(-350)
pendown()
pensize(20)
seth(-40)
for i in range(6):
    color(colors[i])
    circle(40,80)
    circle(-40,80)
circle(40,80/2)
pencolor("purple")
fd(40)
circle(16,180)
fd(40*2/3)
```

10.4　math 库函数

一、实验目的

1. 掌握 math 库函数的使用规则。
2. 掌握 math 库内常用函数的使用技巧。

二、实验内容

1. math 库的使用。
2. 实例：天天向上的力量。

三、实验步骤

1. math 库的使用

Python 数学计算的标准函数库 math 提供 4 个数学常数和 44 个函数。

利用函数库编程是 Python 语言最重要的特点，也是 Python 编程生态环境的意义所在。本书不区分函数库（Library）和模块（Module），对于所有需要 import 使用的代码统称为函数库，这种利用函数库编程的方式称为模块编程。

常用的 Python 函数库分为 Python 环境中默认支持的函数库以及第三方提供的需要进行安装的函数库，其中默认支持的函数库也叫做标准函数库（standard library）或内置函数库。

math 库是 Python 提供的内置数学类函数库，因为复数类型常用于科学计算，一般计算并不常用，因此 math 库不支持复数类型，仅支持整数和浮点数运算，math 库提供了 4 个数学常数和 44 个函数。44 个函数共分为 4 类，包括 16 个数值表示函数、8 个幂对数函数、16 个三角对数函数和 4 个高等特殊函数。

math 库中函数数量较多，读者在学习过程中只需要逐个理解函数功能，记住个别常用函数即可。实际编程中，如果需要采用 math 库，可以随时查看 math 库。

math 库中的函数不能直接使用，需要使用保留字 import 引用该库，引用方式如下。

第一种：

import math

对 math 库中函数采用 math.<b>( ) 形式使用，例如：

```
>>>import math
>>>math ceil（10.2）
11
```

第二种：

from import math< 函数名 >

对 math 库中函数可以直接采用 < 函数名 >( ) 形式使用，例如：

```
>>>from math ipomrt floor
>>>floor
10
```

第二种方法的另一种形式是 from math import *。如果采用这种方式引入 math 库，math 库中所有函数都可以采用 < 函数名 >( ) 形式直接使用。

math 库及后续所有函数库的引用都可以自由选取这两种方式实现，这与 turtle 库是一致的。

下面对 math 库内的部分函数进行说明。

math 包含 8 个幂对数函数，如表 10-1 所示。

表 10-1　math 库的幂对数函数

函数	数学表示	描　　述
math.pow(x, y)	x^y	返回 x 的 y 次幂
math.exp(x)	e^x	返回 e 的 x 次幂，e 是自然对数
math.expml(x)	e^x-1	返回 e 的 x 次幂减 1
Math.sqrt(x)	$\sqrt{x}$	返回 x 的平方根
math.log(x[, base])	$\log_{base} x$	返回 x 的对数值，只输入 x 时，返回自然对数，即 $\ln x$
math.loglp(x)	$\ln(1+x)$	返回 $1+x$ 的自然对数值
math.log2(x)	$\log x$	返回以 2 为底的 x 的对数值
math.log10(x)	$\log_{10} x$	返回以 10 为底的 x 的对数值

math 库没有提供直接支持 $\sqrt[y]{x}$ 运算的函数，但可以根据公式 $\sqrt[y]{x} = x^{\frac{1}{y}}$ 采用 math.pow() 函数求解，参考如下例子：

```
>>>math.pow(10, 1/3)
2.154434690031884
```

2. 实例：天天向上的力量

代码如下：

```
import math
dayup = math.pow((1.0 + 0.001), 365)  # 每天提高 0.001
daydown = math.pow((1.0 - 0.001), 365)  # 每天荒废 0.001
print("向上：{:.2f},向下：{:.2f}.".format(dayup, daydown))
```

运行结果如图 10-12 所示。

```
>>>
================ RESTART: E:\2018版新教材\实验\代码\天天向上.py ============
向上：1.44, 向下：0.69.
>>>
```

图 10-12　运行结果

10.5 程序的分支结构

一、实验目的

1. 掌握分支语句的使用规则。
2. 利用分支语句编写较高级别的程序。

二、实验内容

1. 分支语句。
2. 实例：人机猜拳。

三、实验步骤

1. 分支语句

程序设计中的控制语句有3种，即顺序、分支和循环语句。Python程序通过控制语句来管理程序流，完成一定的任务。程序流是由若干个语句组成的，语句可以是一条单一的语句，也可以是复合语句。

Python中的控制语句有以下几类。

（1）分支语句：if。
（2）循环语句：while 和 for。
（3）跳转语句：break、continue 和 return。

分支语句提供了一种控制机制，使得程序具有了判断能力，能够像人类的大脑一样分析问题。分支语句又称条件语句，条件语句使部分程序可根据某些表达式的值被有选择地执行。

Python中的分支语句只有if语句。if语句有3种结构：if结构、if-else结构和elif结构。

下面通过实例来进一步理解多分支结构。

2. 实例：人机猜拳

代码如下：

```python
# 人机猜拳
from random import randint
coin=int(input("你押多少？赢了加5输了扣5:"))
game_over=False
while not game_over:
    my_choose=input('请出石头剪刀布:')
## 石头1剪刀2布3
    computer=randint(1,3)
    if my_choose=="石头":
        if computer==1:
```

```
                print('平手',coin)
            elif computer==2:
                coin+=5
                print("赢了",coin)
            else:
                coin-=5
                print("输了",coin)
                if coin<=0:
                    game_over=True
        elif my_choose=="剪刀":
            if computer==1:
                coin-=5
                print('输了',coin)
                if coin<=0:
                    game_over=True
            elif computer==2:
                print("平手",coin)
            else:
                coin+=5
                print("赢了",coin)
        elif my_choose=="布":
            if computer==1:
                coin+=5
                print('赢了',coin)
            elif computer==2:
                coin-=5
                print("输了",coin)
                if coin<=0:
                    game_over=True
            else:
                print("平手",coin)
        else:
            print('请正确输入')
```

程序运行结果如图10-13所示。

```
>>>
RESTART: C:/Users/sunlightzhou/AppData/Local/Programs/Python/Python36-32/4.py
你押多少？赢了加5输了扣5: 10
请出石头剪刀布：1
请正确输入
请出石头剪刀布：布
赢了 15
请出石头剪刀布：剪刀
输了 10
请出石头剪刀布：布
输了 5
请出石头剪刀布：布
赢了 10
请出石头剪刀布：
```

图 10-13　运行结果

10.6　π 的计算

一、实验目的

1. 掌握 random 库函数的使用规则。
2. 熟练使用 random 库内常用函数。

二、实验内容

1. random 库的使用。
2. 实例：π 的计算。

三、实验步骤

1. random 库的使用

（1）random 库概述。随机数在计算机应用中十分常见，Python 内置的 random 库主要用于产生各种分布的伪随机数序列。random 库采用梅森旋转算法（Mersenne Twister）生成伪随机数序列，可用于除随机性要求更高的加解密算法外的大多数工程应用。

使用 random 库的主要目的是生成随机数，因此，读者只需要查阅该库中随机数生成函数，找到符合使用场景的函数即可。该库提供了不同类型的随机数函数，所有函数都是基于最基本的 random.random（）函数扩展实现。

随机数或随机事件是不确定性的产物，其结果是不可预测、产生之前不可预见。无论计算机产生的随机数看起来多么"随机"，它们也不是真正意义上的随机数。因为计算机是按照一定算法产生随机数的，其结果是确定的。可预见的称为"伪随机数"。真正意义上的随机数不能评价。如果存在评价随机数的方法，即判断一个数是否是随机数，那么这个随机数就有确定性，将不再是随机数。

（2）random 库解析。表 10-2 列出了 random 库常用的 9 个随机数生成函数。

表 10-2 random 库的常用随机数生成函数

函　　数	描　　述
seed(a=none)	初始化随机数种子,默认值为当前系统时间
random()	生成一个[0,1)的随机实数
randint(a,b)	生成一个[a,b]的整数
getrandbits(k)	生成一个 k 比特长度的随机整数
randrange(start,stop[,step])	生成一个[start,stop)内以 step 为步数的随机整数
uniform(a,b)	生成一个[a,b]的随机实数
choice(seq)	从序列类型,例如列表中随机返回一个元素
shuffle(seq)	将序列类型中的元素随机排列,返回打乱后的序列
sample(pop,k)	从 pop 类型中随机选取 k 个元素,以列表类型返回

2. 实例:π 的计算

圆的面积:$S=\pi \times r^2$, π=3.141 592 6,S 为面积,r 为半径。

一个正方形内部相切一个圆,如图 10-14 所示,圆和正方形的面积之比是 π/4。在这个正方形内部,随机产生 n 个点(这些点服从均匀分布),计算它们与中心点的距离是否大于圆的半径,以此判断是否落在圆的内部。统计圆内的点数,与 n 的比值乘以 4,就是 π 值。理论上,n 越大,计算的 π 值越精确。

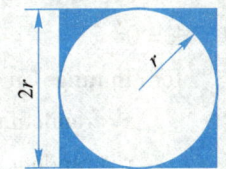

图 10-14　正方形内部相切一个圆

这是一个采用蒙特·卡罗方法计算圆周率的实例。

π(圆周率)是数学和物理学普遍存在的常数之一,也是一个无理数,即无限不循环小数。精确求解圆周率是几何学、物理学和很多工程学科的关键。

对 π 的精确求解曾经是数学历史上一直难以解决的问题。因为 π 无法用任何精确公式表示,在电子计算机出现以前,π 只能通过一些近似公式的求解得到,直到 1948 年,人类才以人工计算方式得到 π 的 808 位精确小数。

迄今为止求解圆周率最好的方法是利用 BBP 公式,该公式如下:

$$\pi = \sum_{k=0}^{\infty}\left[\frac{1}{16^k}\left(\frac{4}{8k+1}-\frac{2}{8k+4}-\frac{1}{8k+5}-\frac{1}{8k+6}\right)\right]$$

随着计算机的出现,数学家找到了求解 π 的另类方法:蒙特·卡罗(Monte Carlo)方法,又称随机抽样或统计试验方法。该方法属于计算数学的一个分支,由于其能够真实地模拟实际物理过程,因此,解决问题与实际非常符合,可以得到很满意的结果。蒙特·卡罗方法广泛应用于数学、物理学和工程领域。

当所要求解的问题是某种事件出现的概率,或者是某个随机变量的期望值时,可以通过某种"试验"的方法,得到这种事件出现的频率,或者这个随机变量的平均值,并用它们作为问题的解。这是蒙特·卡罗方法的基本思想。

应用蒙特·卡罗方法求解 π 的基本步骤如下:随机向如图 10-15 所示的单位正方形和圆结构抛洒大量"飞镖"点,计算每个点到圆心的距离从而判断该点在圆内或者圆外,用圆内的点数除以总点数就是 π/4 值,随机点数量越大,越充分覆盖整个图形,计算得到的 π 值越精确。实际上,这个方法的思想是利用离散点值表示图形的面积,通过面积比例来求解 π 值。

为了简化计算,一般利用图形的 1/4 求解 π 值,该问题的 IPO 表示如下。

输入:抛点数。

处理:计算每个点到圆心的距离,统计在圆内的点的数量。

输出:π 值。

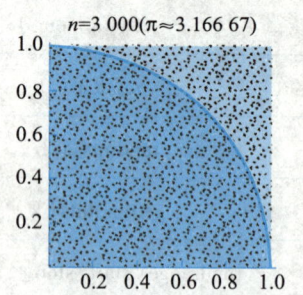

图 10-15 计算 π 使用的 1/4 区域和抛点过程

采用蒙特·卡罗方法求解 π 值的 Python 程序代码如下:

```python
import random
n = 10000
k = 0
for i in range(n):
    x = random.uniform(-1, 1)
    y = random.uniform(-1, 1)
    if x**2 + y**2 < 1:
        k += 1
print(4*float(k)/float(n))
```

上述代码中,random 函数随机返回一个在[0,1)之间的实数,用两个随机数给出随机抛点(x,y)的坐标。代码中 n 表示抛点数,初始设定为 10 000。该程序运行结果如图 10-16 所示。

```
>>>
================ RESTART: E:\2018版新教材\实验\代码\圆周率.py ================
========
3.1516
>>>
```

图 10-16 运行结果

计算得到的 π 值为 3.151 6,与大家熟知的 3.141 5 有一定偏差,原因是 n 点数量较少,无法更精确刻画面积的比例关系。

可以看到,随着 n 数量的增加,当达到一定数量级时,π 的值就相对准确了。进一步增加 n

的数量,能够进一步增加 π 的精度。

　　本节以 π 的计算为例,重点讲解蒙特·卡罗方法,希望读者能够将该方法运用到其他工程问题中。当然,求解 π 可以使用 BBP 公式,请读者根据本节给出的公式编写代码,用另一种方法获得 π 的值。

郑重声明

高等教育出版社依法对本书享有专有出版权。任何未经许可的复制、销售行为均违反《中华人民共和国著作权法》，其行为人将承担相应的民事责任和行政责任；构成犯罪的，将被依法追究刑事责任。为了维护市场秩序，保护读者的合法权益，避免读者误用盗版书造成不良后果，我社将配合行政执法部门和司法机关对违法犯罪的单位和个人进行严厉打击。社会各界人士如发现上述侵权行为，希望及时举报，本社将奖励举报有功人员。

反盗版举报电话　（010）58581999　58582371　58582488
反盗版举报传真　（010）82086060
反盗版举报邮箱　dd@hep.com.cn
通信地址　北京市西城区德外大街4号　高等教育出版社法律事务与版权管理部
邮政编码　100120

防伪查询说明

用户购书后刮开封底防伪涂层，利用手机微信等软件扫描二维码，会跳转至防伪查询网页，获得所购图书详细信息。用户也可将防伪二维码下的20位密码按从左到右、从上到下的顺序发送短信至106695881280，免费查询所购图书真伪。

反盗版短信举报
编辑短信"JB，图书名称，出版社，购买地点"发送至10669588128
防伪客服电话
（010）58582300